QUILLING

捲紙甜點設計BOOK

なかたにもとこ◎著
Motoko Maggie Nakatani

CONTENTS

作品名稱 P.＊＊—＊＊

作品欣賞頁 作法・圖解頁

P.2至P.5的作品欣賞圖為原寸大小。

＊馬卡龍塔除外。

HOME MADE SWEETS
手工餅乾
>>> P.12

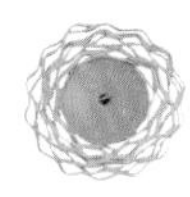

巧克力餅乾
>>> P.12.13 - 70

果醬餅乾
>>> P.12.13 - 69

冰盒餅乾
>>> P.12.13 - 69

方形餅乾
>>> P.12.13 - 70

果醬瓶
>>> P.12.13 - 69

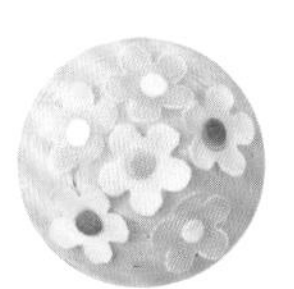

美式杯子蛋糕
>>> P.14.15 - 68

DOUGHNUTS
甜甜圈
>>> P.32

巧克力甜甜圈
>>> P.32 - 70

草莓甜甜圈
>>> P.32 - 70

巧克力炸甜甜圈
>>> P.32 - 71

波提甜甜圈
>>> P.32 - 35.71

歐菲香甜甜圈
>>> P.32 - 35.71

抹茶法蘭奇
>>> P.33 - 61

草莓法蘭奇
>>> P.33 - 61

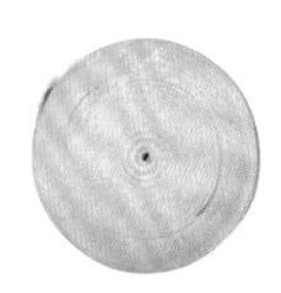

奶油巧貝
>>> P.33 - 61

白巧克力脆片
甜甜圈
>>> P.34 - 71

熊熊甜甜圈
>>> P.34 - 71

APPLE PIE
蘋果派
››› P.36

蘋果派

››› P.36 - 57.61

小兔子蘋果

››› P.36 - 73

對切蘋果

››› P.36 - 37.72

切片蘋果

››› P.36 - 72

紅蘋果・青蘋果

››› P.37 - 72

CANDY
糖果
››› P.38

迷你糖果

››› P.38 - 56.74

棒棒糖

››› P.39 - 74

ICE CREAM
冰淇淋
››› P.40

冰淇淋

››› P.40.41 - 73

PARFAIT
百匯聖代
››› P.42

水果布丁百匯聖代

››› P.42.43 - 62

巧克力百匯聖代

››› P.42.43 - 62

草莓百匯聖代

››› P.42.44 - 63

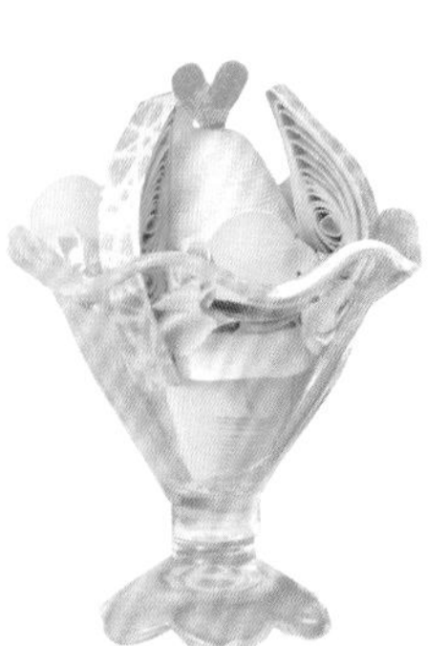

哈密瓜百匯聖代

››› P.42.44 - 63

MACARON
馬卡龍

››› P.46

馬卡龍
››› P.47 - 76

馬卡龍塔
裝飾用玫瑰
››› P.46.48 - 60

馬卡龍塔
裝飾用7瓣花
››› P.46.49 - 60

馬卡龍塔
裝飾用4瓣花
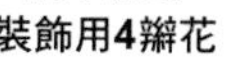
››› P.46.49 - 60

馬卡龍塔
〔欣賞圖約為原寸25%〕
››› P.46.48 - 75

雪花餅乾
››› P.50.51 - 64

聖誕襪餅乾
››› P.50.51 - 60

薑餅人
››› P.50.51 - 76

聖誕樹餅乾
››› P.50.51 - 64

CHRISTMAS
聖誕節

››› P.50

AFTERNOON TEA
下午茶

››› P.52

莓果小蛋糕
››› P.52.53 - 79

香橙小蛋糕
››› P.52.53 - 78

摩卡小蛋糕
››› P.52.53 - 79

草莓小蛋糕
››› P.52.53 - 79

三明治
››› P.52.54 - 77

司康
››› P.54 - 78

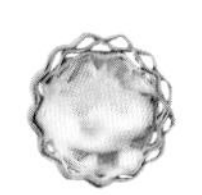

鹹派
（菠菜口味）
››› P.52.54 - 77

鹹派
（蕈菇口味）
››› P.52.54 - 77

杯盤組
››› P.52 - 78

雙層蛋糕架
››› P.52 - 79

CAKE
蛋糕

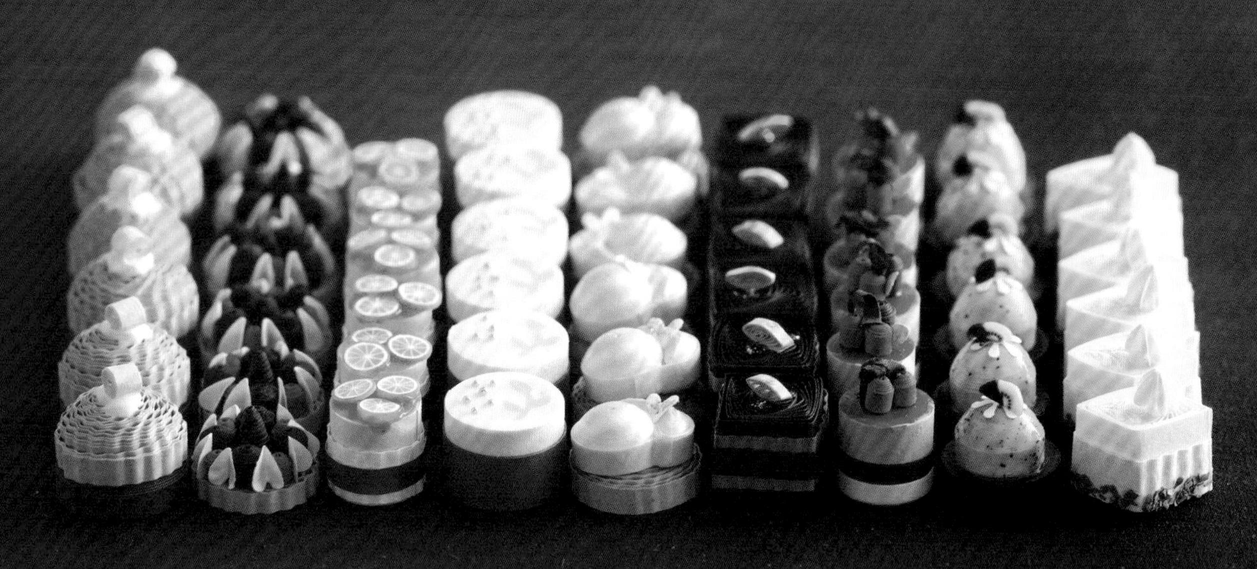

蛋糕店

各式各樣的精緻糕點，
只需以基本技巧製作海綿蛋糕＆鮮奶油，
再利用喜歡的顏料妝點色彩就完成了！

作法・圖解…（由左至右）蒙布朗・莓果塔・香橙慕斯・
抹茶慕斯・糖煮蜜桃派・巧克力蛋糕：P.65
覆盆子慕斯・奇異果圓頂蛋糕・檸檬蛋糕：P.67
檸檬蛋糕上的立體鮮奶油作法……P.53

利用色紙製作各種口味的蛋糕吧！
試著變化不同的紙材，
就能作出你喜愛的水果蛋糕。

STRAWBERRY SHORTCAKE

鮮奶油草莓蛋糕

讓美味感加倍的祕方是——
利用不同寬幅的紙條
作出綿密鬆軟的鮮奶油！

作法・圖解…P.67
立體・半圓形鮮奶油作法…P.53・P.56

側面也貼上草莓切片，
令人一見就能想像到
草莓蛋糕的美味！

CHOCOLATE

巧克力

綜合巧克力盒

小禮盒裡的繽紛驚喜，
是滿滿9種不同造型＆口味的巧克力！

使用基本部件、利用不同的組合方式，
製作4款造型巧克力。

作法・圖解…（由左至右）三色巧克力・迷你巧克力・
迷你心形巧克力・圓頂巧克力：P.66

改變顏色＆裝飾，
輕鬆製作3種巧克力！

作法・圖解…（由前至後）方形巧克力・
抹茶巧克力・黑巧克力：P.59

可愛造型的巧克力×2。
很適合親子一起完成喔！

作法・圖解…草莓巧克力・橙皮巧克力：P.66
橙皮巧克力作法…P.56

HOMEMADE SWEETS

手工餅乾

種類豐富的餅乾

難得休假就來作點餅乾，
多準備一些和好朋友一起分享！

以波浪加工的紙條製作，
更能表現出如實物表面般的餅乾質感。

作法・圖解…（左上起，往順時針方向）巧克力餅乾：P.70・果醬餅乾＆冰盒餅乾：P.69・方形餅乾：P.70
方形餅乾的半圓形鮮奶油作法…P.56

組合2種不同部件，
再貼上標籤，
一轉眼就變成了可愛的果醬瓶。

作法・圖解…P.69

AMERICAN CUPCAKE

美式杯子蛋糕

不斷地增加紙條長度，
慢慢捲、慢慢捲……
圓鼓飽滿的杯子蛋糕完成！

杯子蛋糕上的裝飾才是魅力重點。
花朵、愛心、圓珠等，
多麼地繽紛可愛啊！

作法・圖解…P.68
增加紙條長度作法…P.55
底座的詳細作法…P.35

Material & Tools

材料&基本工具

先來看看需要哪些材料與工具吧！因為希望能讓更多人認識、體驗捲紙藝術的樂趣，
書中介紹的工具皆可於均一價商店或網路商城上輕鬆購入取得。

Quilling Paper

製作作品使用的細長紙條是最主要的材料，市售也有捲紙藝術專用的紙條可方便購得。顏色、厚度、有無透明感等，種類豐富；可依作品的主題進行選擇，增添製作樂趣。當然，若想自行裁切紙條也沒問題！但自行裁切時，請務必保持同樣的寬度。

2mm（1/16英吋）

3mm（1/8英吋）

6mm（1/4英吋）

1cm（3/8英吋）

改變紙條寬度就能變化出不同大小的作品。

＊本書為呈現細緻的作品質感，
使用的紙條寬度以2mm．3mm為主。

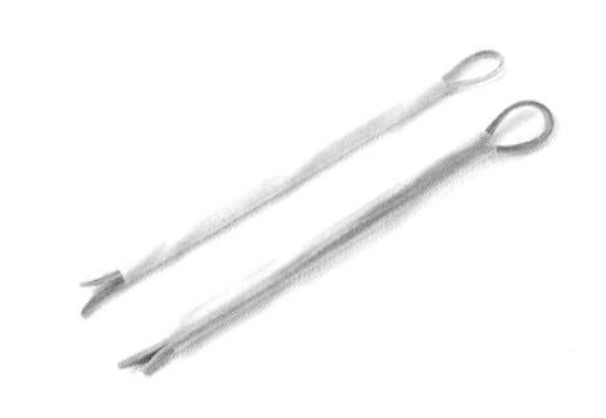

未使用的紙條收入吸管中保存，就不用擔心紙條彎曲或有摺痕。

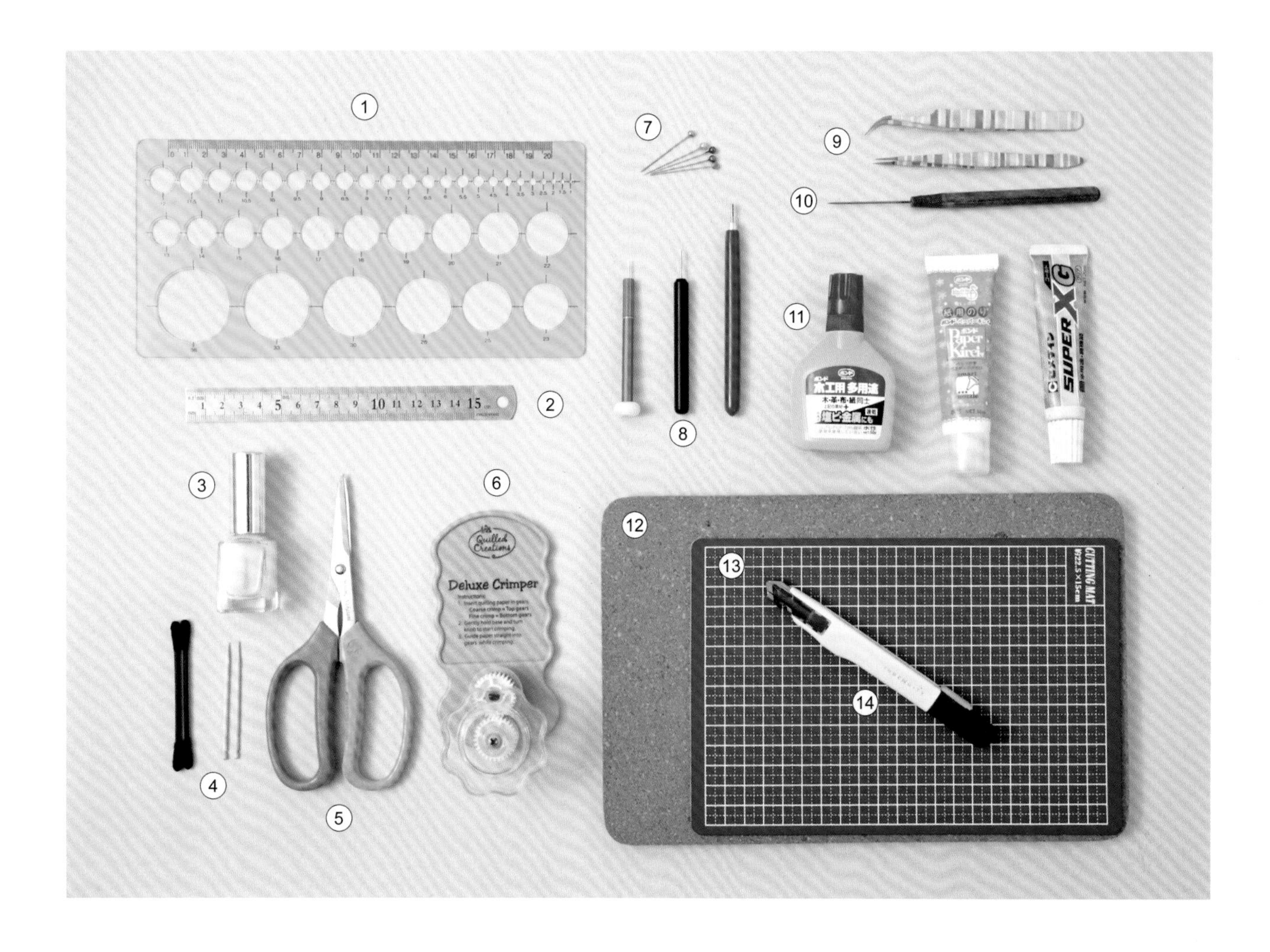

① 圓圈板

可以輔助作出大小相同的部件，或測量成品大小，是製作捲紙作品非常重要的工具。可從商店輕鬆購入，手邊常備一把就會很方便。

② 直尺

不鏽鋼製的薄尺。推薦選擇邊緣沒有餘白，直接印有刻度款式。

③ 透明亮光漆（外層保護劑）

想要呈現亮澤感時使用，塗上之後不會使作品表面過厚。本書作品中，是以比較輕透的亮光漆混合保護力較強的漆一起使用。裝入指甲油空瓶中，就能直接以刷子進行塗刷。

④ 棉花棒・牙籤

從固定與組合部件，到捲至末端時的固定都會派上用場。

⑤ 剪刀

建議使用鋒利、前端細尖的剪刀為佳。在此使用紙藝專用剪刀。

⑥ 紙捲波浪工具

用於將紙條加工成波浪狀。使用不同大小的溝槽，可製作出不同類型的波浪紋路，請依自己喜好挑選搭配。

⑦ 珠針

末端有小玻璃珠的細針。在將基本部件（疏圓捲）變化成離心捲，或製作小的鈴鐺捲時，用於輔助固定。

⑧ 捲紙筆

捲紙時使用的工具。前端的分岔設計可夾住紙，方便捲動。從粗到細有多種尺寸，可自由搭配選擇。

・極細型（左）

可作出較細的漩渦圈，方便操作，捲長條紙也不費力（本書使用）。

・中細型（中間）

比極細型前端的分岔較深且寬，可穩定地夾住紙條。

・粗型（右）

適合初學者使用！但捲紙成品的中心孔洞會較上方兩款稍大一些。

⑨ 鑷子

常見有前端彎曲型&平直型兩種，在組合部件、造型、黏貼時皆會使用。建議選擇前端細尖的鑷子。

⑩ 針（針型工具）

製作基本部件・彈簧捲時，欲捲拉成長條狀時使用。

⑪ 膠

手工藝膠（或木工用白膠），或不限於紙藝使用的多用途膠皆可。因黏貼紙藝作品只需少量，推薦選擇有細嘴出口設計的瓶裝膠，可大幅提升製作效率。

⑫ 軟木塞墊

使用珠針與進行鑲嵌加工時使用。

⑬ 切割板

裁切紙張&製作裝飾片時使用。因本書作品較迷你，建議選擇A5至A4大小的切割版較為方便。

⑭ 美工刀

裁切紙條或紙型時使用。

誠心推薦！方便的材料・工具

加上一點點的裝飾，就能讓作品的完成度瞬間提升。
在此將介紹一些常用的輔助工具&材料。

尖嘴瓶

由於製作捲紙作品時只需少量塗膠，建議將黏膠裝入尖嘴瓶中更利於控制用量。

圓珠筆

製作基本部件・葡萄捲，或進行鑲嵌加工時方便操作的工具。也可使用一般筆的尾端來代替。

造型打洞機

想要在作品上添加裝飾時的便利好物。可壓出精細的花樣，是在製作細緻作品時非常重要的工具。

立體模

有半圓&山型的模具。製作基本部件・葡萄捲或鈴鐺捲時方便操作。

戒指展示架

製作基本部件・錐形捲或月牙捲時使用，也可用於製作蘋果的形狀。

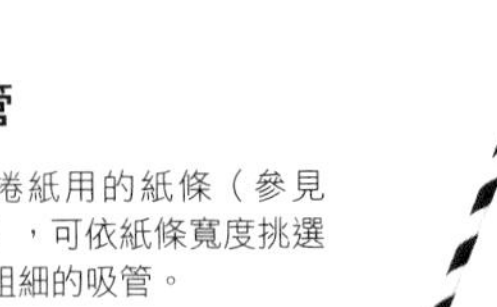

吸管

保存捲紙用的紙條（參見P.16），可依紙條寬度挑選不同粗細的吸管。

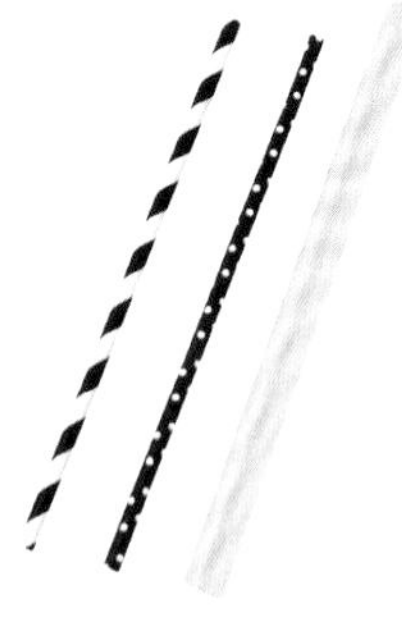

玻璃彩繪顏料

讓作品呈現透明感的工具。本書作品較常使用的是橘色&覆盆子色。

裝飾用彩繪膠・壓克力顏料

用於呈現巧克力沾醬或糖霜、果醬等效果。

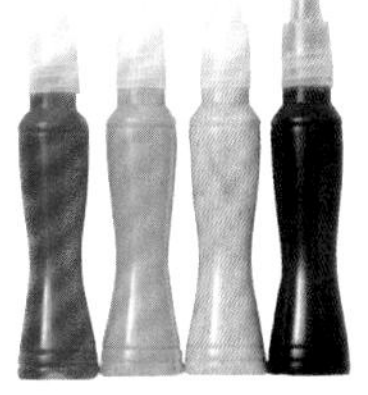

紙膠帶

本書作品應用於果醬瓶（P.12）貼籤標＆迷你糖果（P.38）。選擇自己喜愛的花樣點綴上去，提高作品的完成度吧！

厚紙

用於製作有造型的裝飾物＆馬卡龍塔（P.46）的圓錐塔。推薦可選用具一定厚度的丹迪紙或馬勒水彩紙。

印有英文字的紙張

應用於方形巧克力（P.10）。想為作品加上一點強調性的裝飾時相當方便，使用印有圖樣設計的摺紙也OK。

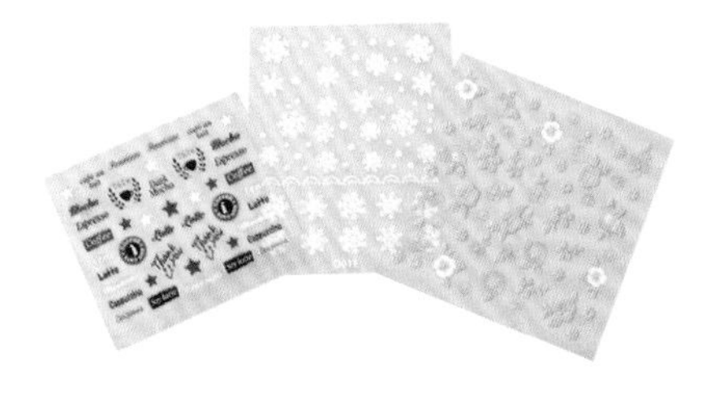

美甲用貼紙

應用於檸檬蛋糕（P.6）的點綴＆杯盤組．雙層蛋糕架（P.52）的花樣。顏色與造型選擇多樣，可依作品需求自由挑選使用。

圓珠・水鑽

作為蛋糕上的裝飾或聖誕餅乾的點綴，可增添華麗感。

金屬配件

應用於抹茶巧克力．黑巧克力（P.10）的點綴配件，與雙層蛋糕架（P.52）的支柱。

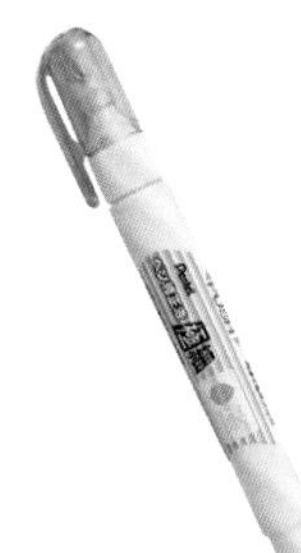

修正液

可代替壓克力顏料表現白色糖霜，是方便又好用的工具。

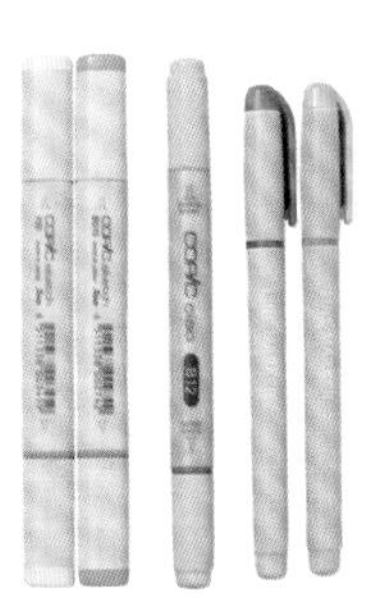

螢光筆・麥克筆

應用於棒棒糖（P.39）。塗上喜愛的顏色可使作品有更多配色，但是如果顏料過厚將不易捲紙，建議選擇水性薄透的酒精性麥克筆。

UV膠

應用於迷你糖果（P.38）。可在製作想要呈現透明感的作品時使用。

＊UV膠在自然陽光下也可硬化，但搭配UV燈可縮短所需時間。

基本的捲紙部件

捲紙藝術是以幾種基本部件為基礎，
再從基本部件加入變化，延伸出各種造型&應用。
以下將介紹常用的基本部件&變化型部件。

※以本書作品使用的部件為主。
※各部件的詳細作法參見部件名下方的標示頁碼。

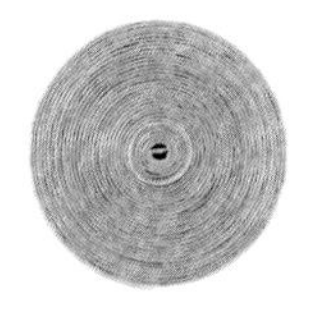

密圓捲
›››P.23

Grape Roll
葡萄捲
（低・高）
›››P.23

Tight Teardrop
緊密淚滴捲
›››P.24

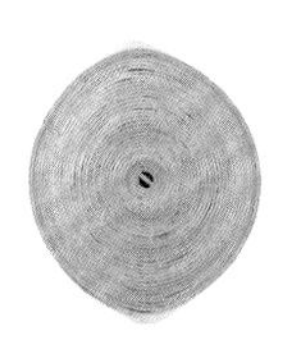

Lemon Sharp
檸檬捲
›››P.24

Bell
鈴鐺捲
›››P.24

Corn
錐形捲
›››P.24

空心密圓捲
›››P.25

Doughnuts Teardrop
空心淚滴捲
›››P.25

Doughnuts Bell
空心鈴鐺捲
›››pP.25

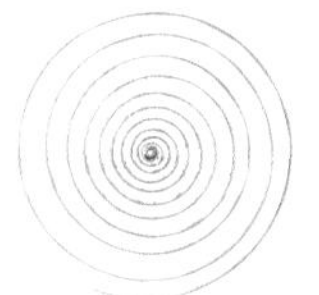

漩渦捲
›››P.26

C Scroll
C形捲
›››P.26

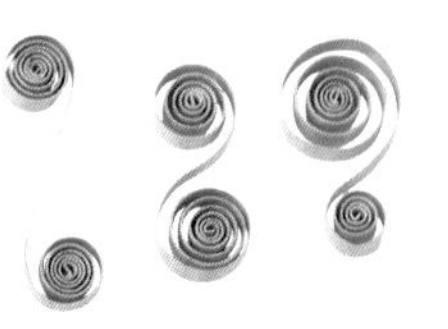

S Scroll
S形捲
›››P.26

LOOSE CIRCLE

疏圓捲
›››P.27

Teardrop
涙滴捲
›››P.27

Sharped Teardrop
造型涙滴捲
›››P.27

Heart 心形捲
›››P.27

Arrow 箭形捲
›››P.27

Triangle 三角捲
›››P.28

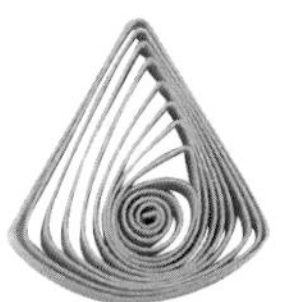

Fan 扇形捲
›››P.28

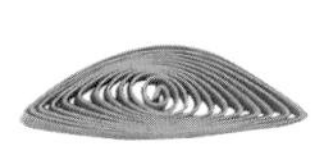

Half Circle半圓捲
（低・中・高）
›››P.28

Moon 月牙捲
›››P.29

Marquise 鑽石捲
›››P.29

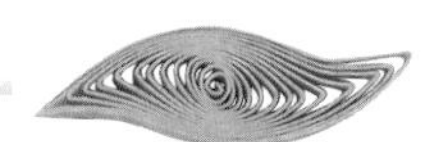

Sharped Marquise
眼形捲
›››P.29

Diamond 菱形捲
›››P.29

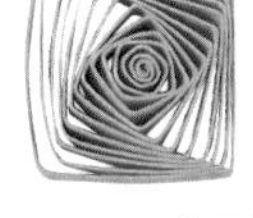

Square 方形捲
›››P.29

Off Center Circle 離心捲
›››P.30

CRIMP

Crimp Tight
波浪密圓捲
›››P.31

Crimp Teardrop
波浪涙滴捲
›››P.31

Sharped Crimp Teardrop
造型波浪涙滴捲
›››P.31

SPIRAL

彈簧捲
›››P.30

基本技巧＆基本部件的作法

在此將介紹基本的製作技巧、基本部件的作法，
並提出讓作品更精緻的製作重點。

※基本部件＆其變化型的部件，將以相同顏色的紙條進行示範。

裁剪紙張

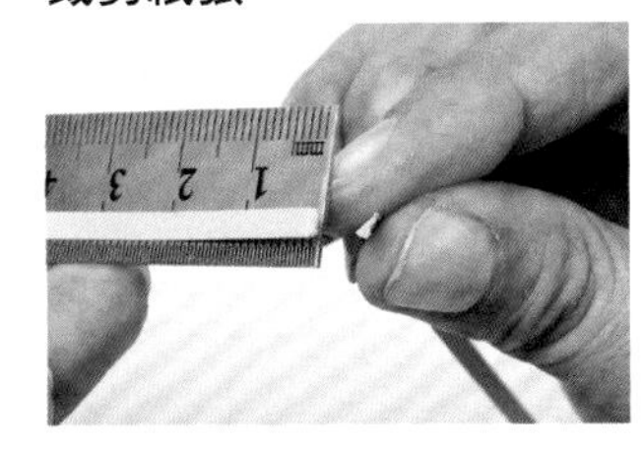

手撕

將紙條壓按在鐵尺的邊緣，往下拉扯即可順勢撕斷紙條。撕斷的切口將帶有毛邊，而這樣的毛邊在捲至收尾處時會變得較薄，黏合的收尾將更服貼漂亮。

剪刀

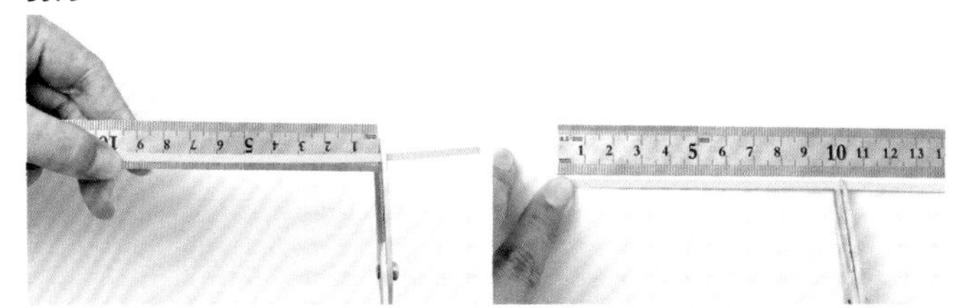

取欲裁切的長度對齊鐵尺邊緣，沿邊剪下所需長度。右圖則是NG的裁剪方式，可能會讓切口呈斜角狀。

捲紙

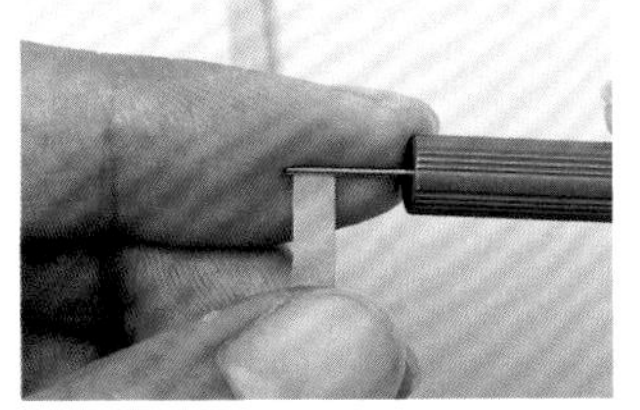

1 將捲紙條夾入捲紙筆前端溝槽中，再以指腹將超出的紙端推回。

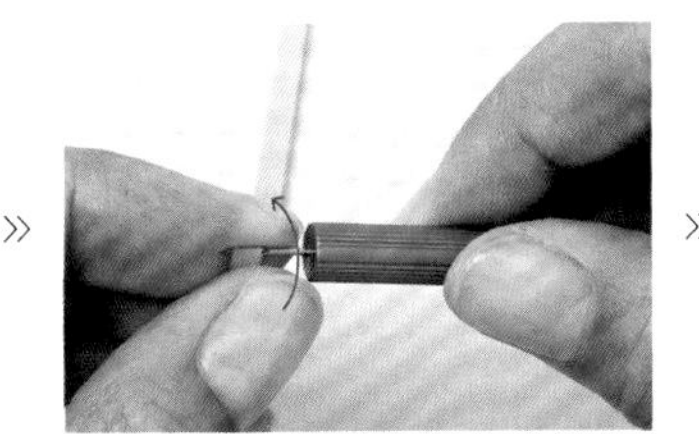

2 自紙端起，先繞一圈。

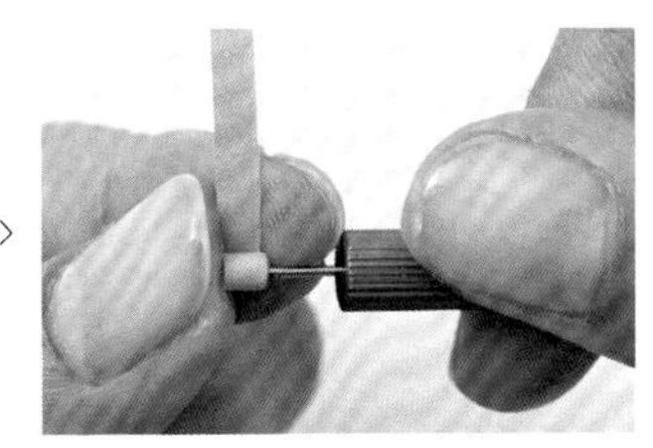

3 將繞好一圈的紙捲輕放在指腹上，保持緊密地開始捲繞。

收尾黏合　＊僅限捲完後需要上膠的部件。

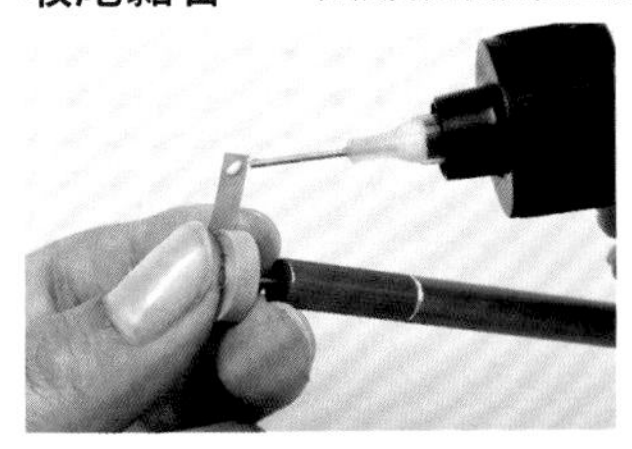

沾取少許膠於尾端。

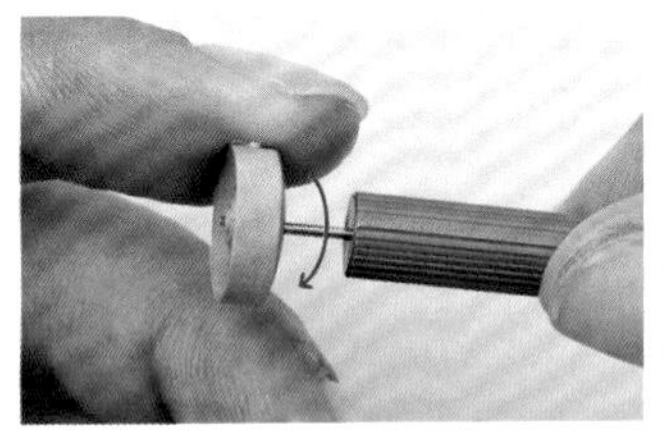

抽出捲紙筆時，往反方向（如箭頭方向）稍微轉動即可輕鬆抽出。或以鑷子夾住捲紙筆，將部件整個往外推出的方式取下亦可。

上膠固定

捲紙完成後，將背面側整面上膠。先十字形塗膠，再以棉花棒塗抹均勻。葡萄捲和錐形捲等，需要定型的部件一定要在背面側上膠。一般作法皆在背面側上膠，但如果有需要在表面上膠，建議以不起毛的筆刷進行塗膠。

將部件上膠　＊貼合2個以上部件時

在透明塑膠片上方擠少許黏膠（為了清楚可見，上圖是將塑膠片放在軟木墊上），再夾取部件去輕輕沾附黏膠。

黏貼密圓捲系列，以指腹捏著也不會散開的部件時，也可以直接手持上膠。

密圓捲系列 ＝捲紙後不鬆開，需上膠固定的部件。

密圓捲

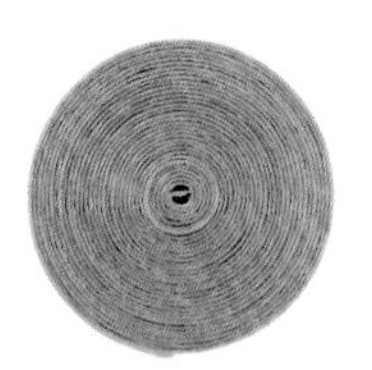

捲15cm以上的紙條

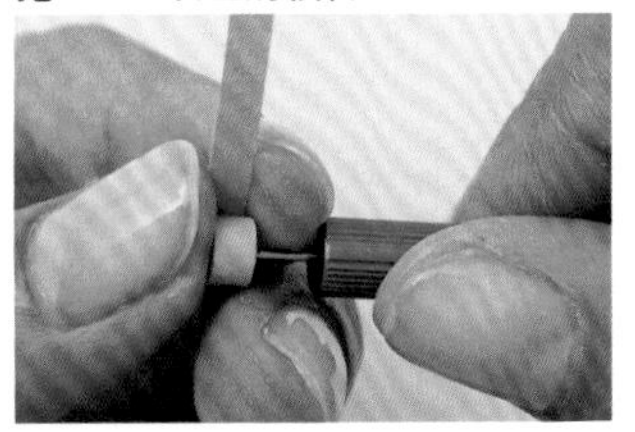

1 捲紙時，以大拇指、食指、中指如圖示方式輕握，就可捲出平整的紙捲。力道適中即可，不要過度用力。

»

2 捲完後，在末端沾上少量的黏膠固定紙捲（一開始就上膠，會讓膠沾到各處，或捲到一半時膠已乾掉，因此建議捲完再上膠）。

»

3 以尺面輕壓部件表面，調整至平整的高度，完成！

Point

如何讓密圓捲的表面更為平整？

捲紙時，固定指（食指）會不會太過用力了呢？別受名稱「密圓捲」影響，不知不覺地想要用力捲緊；其實只要順順地捲，不讓漩渦鬆開，最後再收尾黏合就可以有很好的緊密度。

捲15cm以下的紙條時

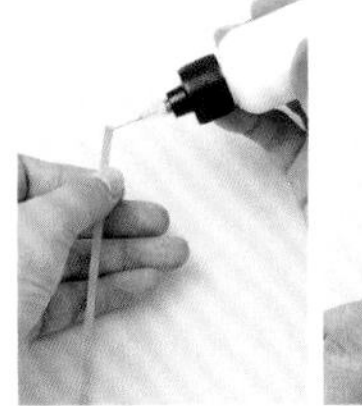

1 先在起始的紙條邊端上膠，再進行捲紙。

»

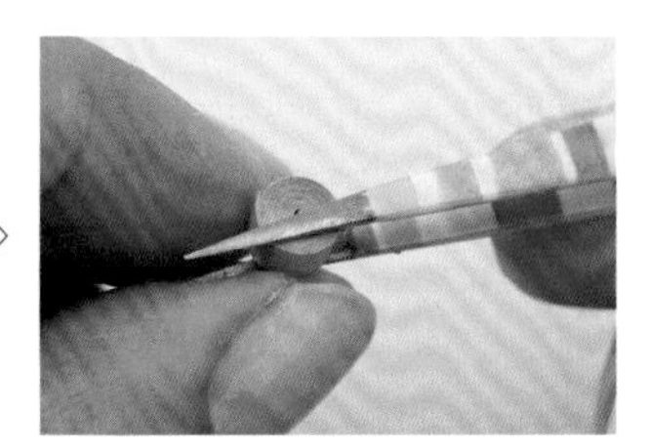

2 捲好後的部件面積較小，因此改以鑷子夾住＆壓整平順，完成！

葡萄捲

（低）（高）

完成密圓捲後，從背面側以指腹或筆尾等有圓弧處，或利用半圓球立體模壓凸。並注意側面的斜度，應如圖示般均一且平順。

低葡萄捲

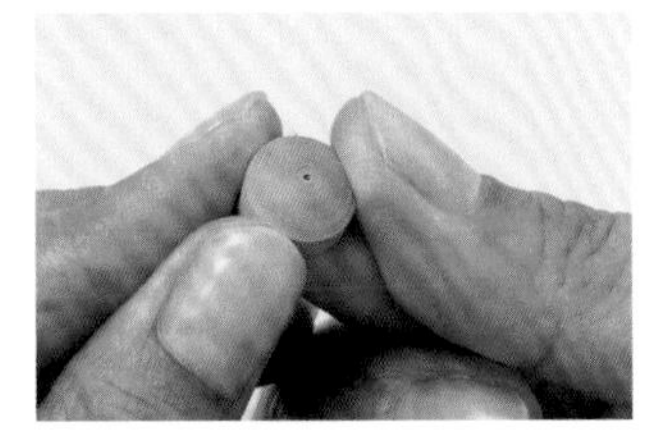

〔作法1〕以指腹壓凸。

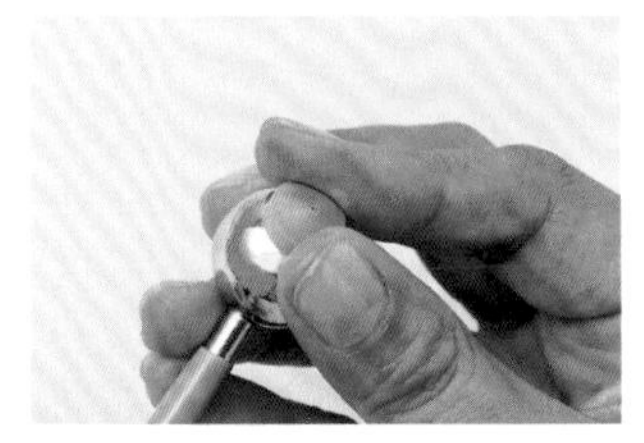

〔作法2〕以筆尾壓凸（上圖以圓珠筆示範）。

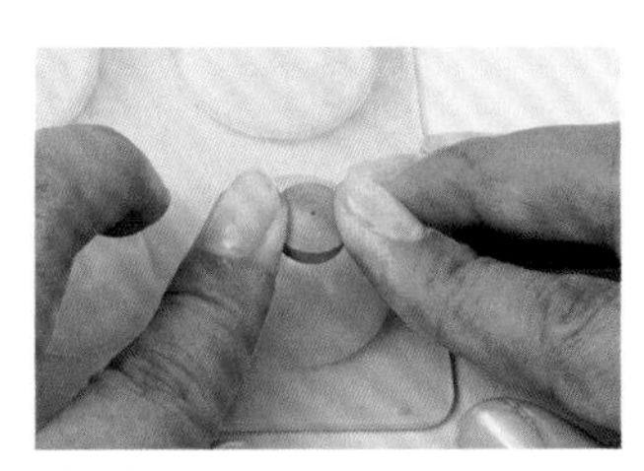

〔作法3〕以模具壓凸。

高葡萄捲 先作出低葡萄捲，再以弧度更傾斜的球面或模具壓得更凸出。

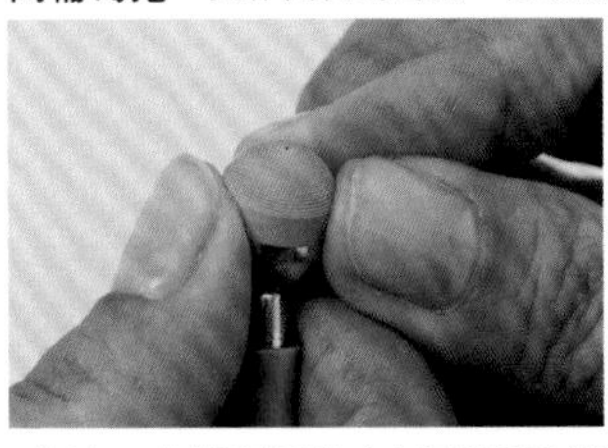

〔作法1〕以筆尾壓凸（上圖以圓珠筆示範）。

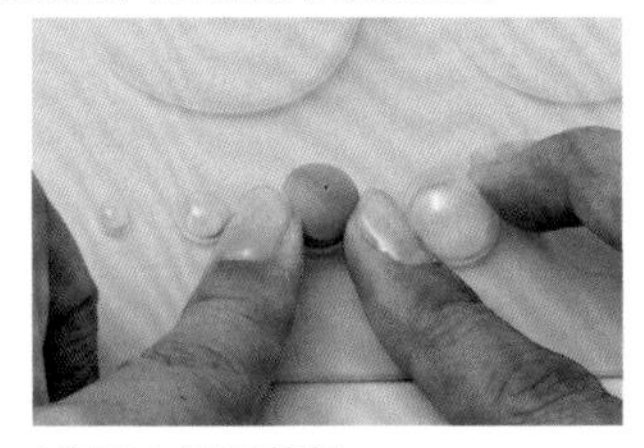

〔作法2〕以模具壓凸。

不使用工具作出高葡萄捲 〔作法3〕

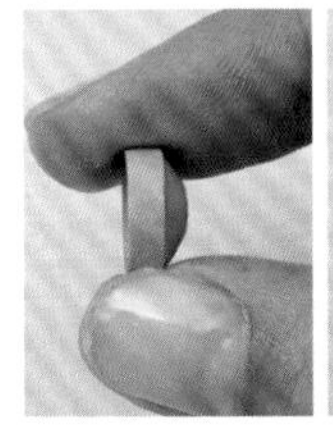

1 先完成低葡萄捲，然後如圖示方式手持，稍微加壓使其成為橢圓形。

»

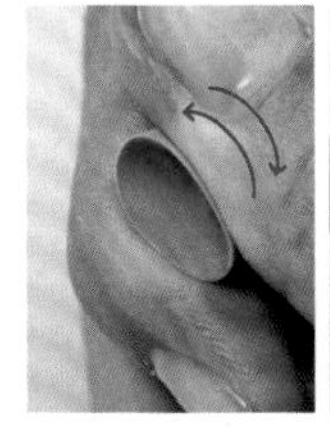

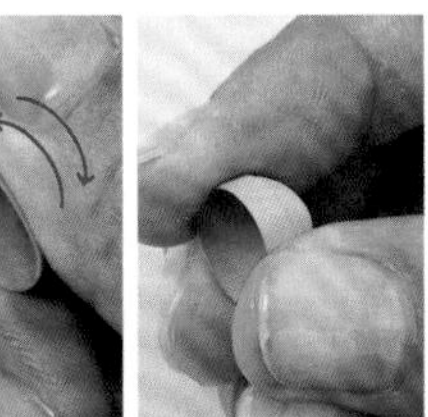

2 維持呈現橢圓形的力道，手指依箭頭方向來回輕壓，讓中間漩渦隆起，到達希望的高度即完成。

緊密淚滴捲

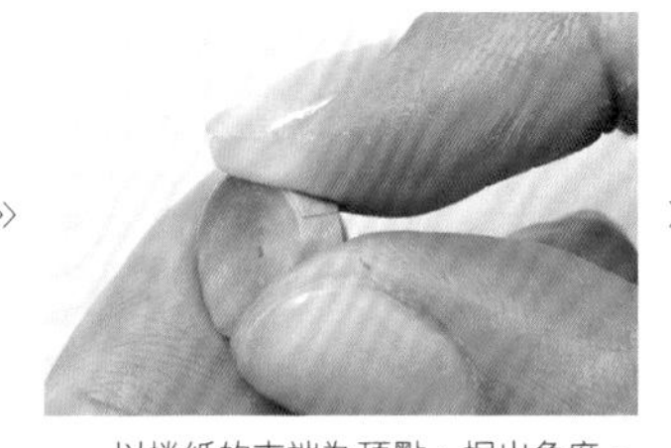

1 先完成低葡萄捲。

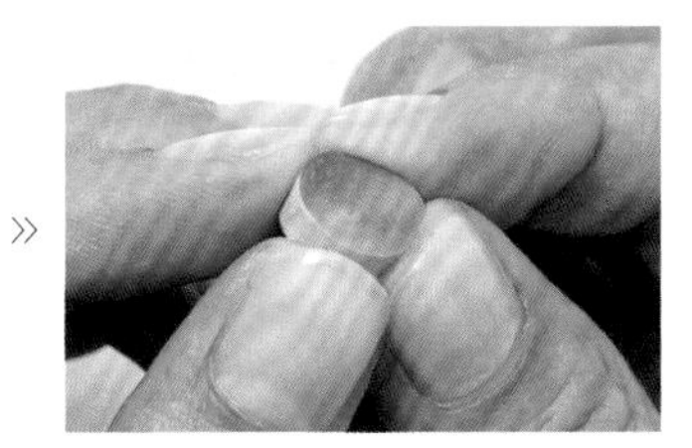

2 以捲紙的末端為頂點，捏出角度。

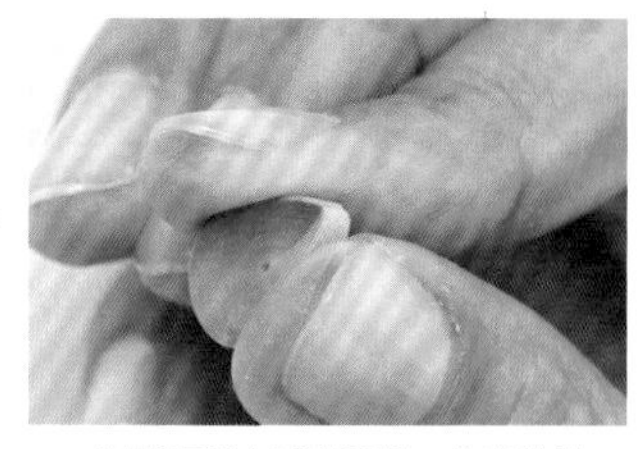

3 以指腹用力壓收兩側，作出造型。

檸檬捲

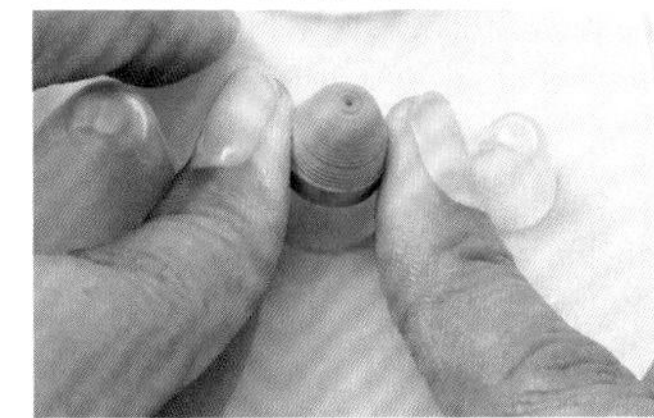

1 先完成低葡萄捲。

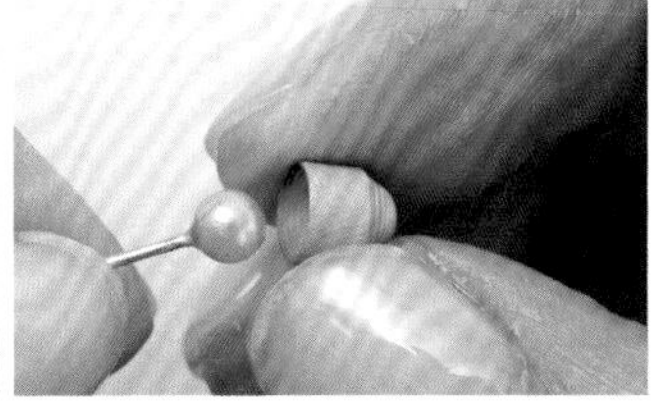

2 以捲紙的末端＆相對的另一端為基準點，兩手同時壓出尖角。

鈴鐺捲

以立體模或珠針輔助造型

將緊捲好的紙捲，以立體模或珠針（製作較小的鈴鐺捲時）推高。

以手指造型

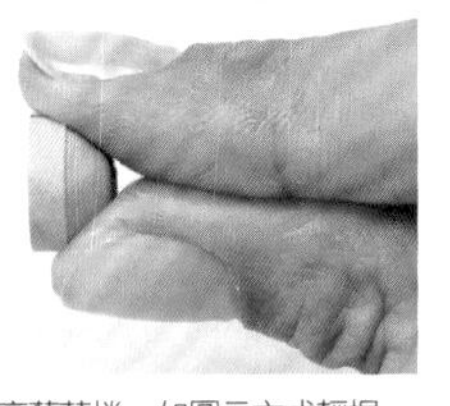

1 先完成高葡萄捲，如圖示方式輕握。

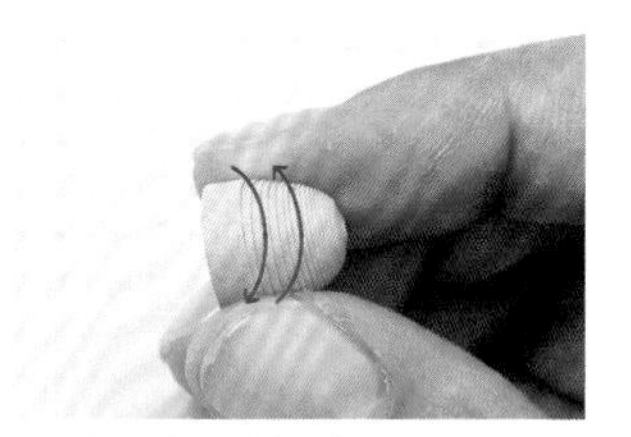

2 以指腹握住整個側面，依箭頭方向來回輕壓，讓中間漩渦隆起至希望的高度即可。注意：若指腹沒有貼合整個側面，側面的弧度將凹凸不均。

錐形捲

1 先完成密圓捲，利用戒指展示架等輔助物的頂端，在密圓捲中心推出圓錐的尖頂。

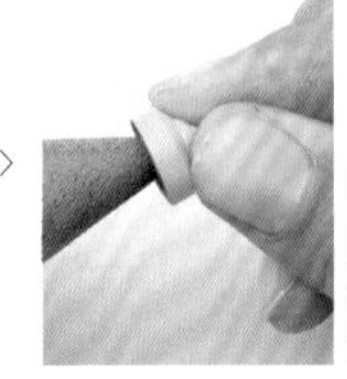

2 以指腹握住整個側面，慢慢往下推。

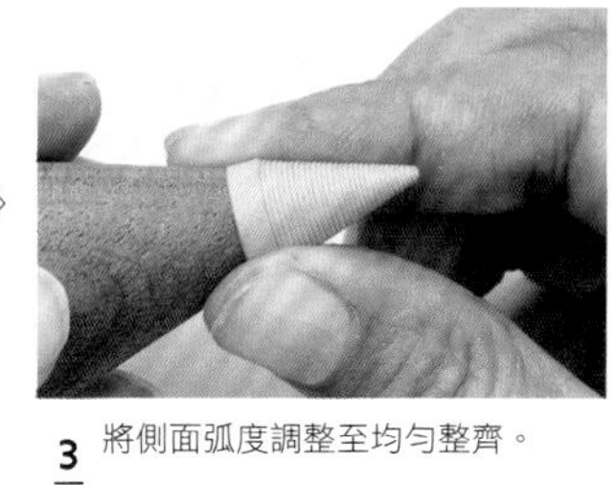

3 將側面弧度調整至均勻整齊。

空心密圓捲

使用棒狀工具

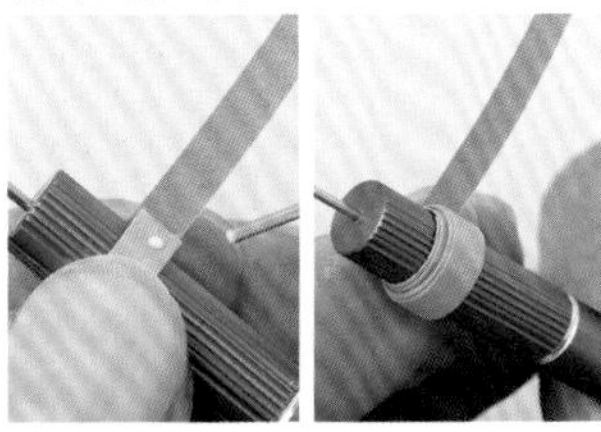

1 將紙條纏繞在棒狀物品上，起始端就先上膠。

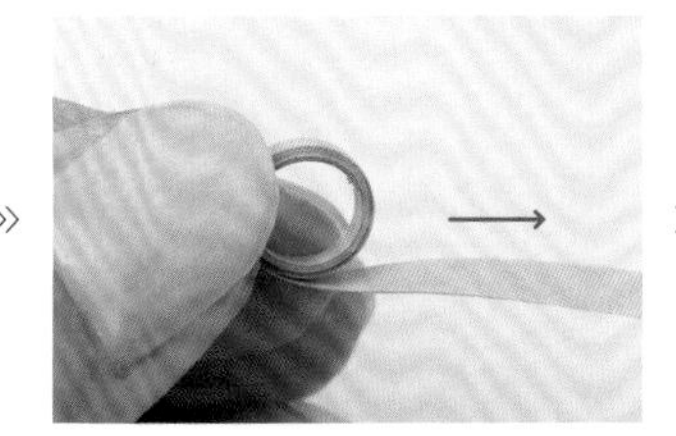

2 捲至一個厚度後，抽出棒子，將未捲完的紙條往箭頭方向輕拉，調整需要的中心孔大小。

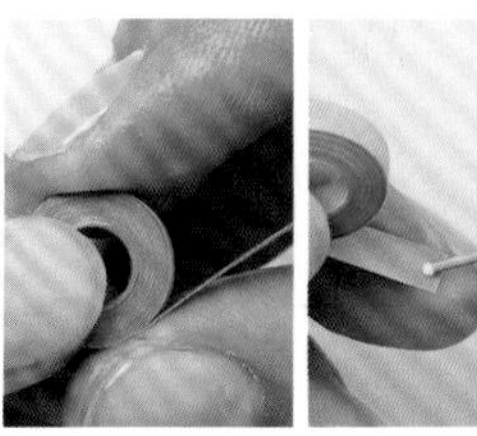

3 一邊捲一邊整理造型，捲完後上膠固定。

使用圓圈板

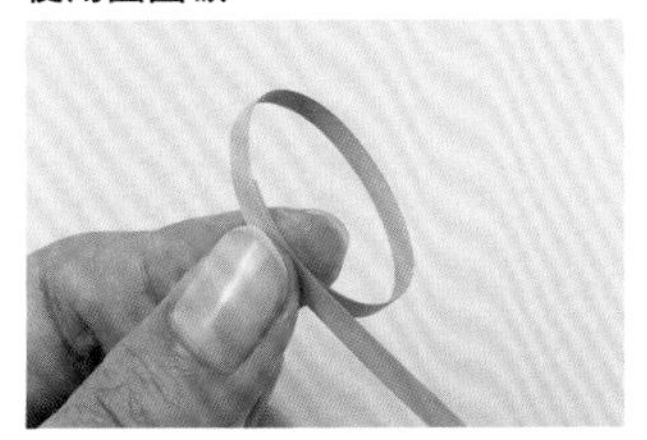

1 先徒手繞一個圓圈，此時還不要上膠。

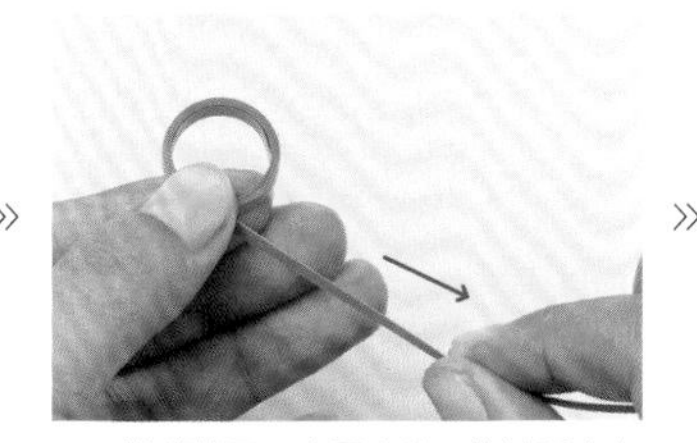

2 繼續捲至一定厚度後，往箭頭方向輕拉剩下的紙條，調整圓圈大小。

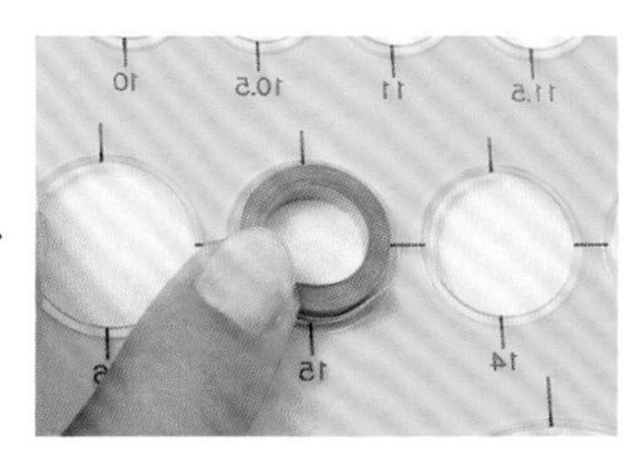

3 一邊捲紙一邊輕拉調整，重複數次後，將紙捲完＆放入希望大小的圓圈板中，按壓表面整理造型。

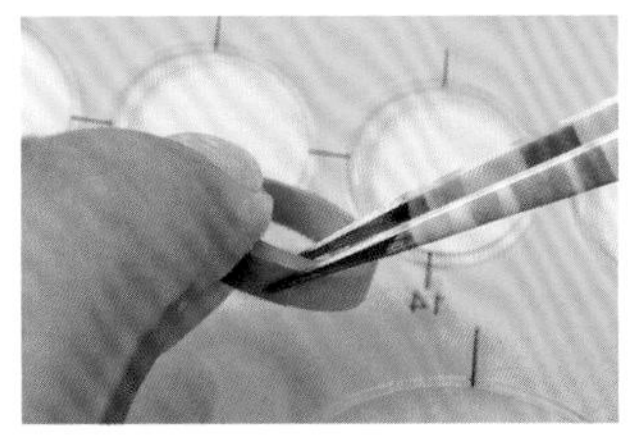

4 整理完成後，以鑷子夾住取出。

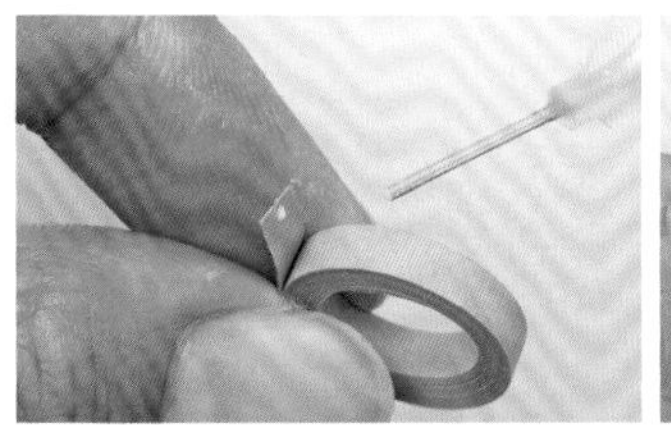

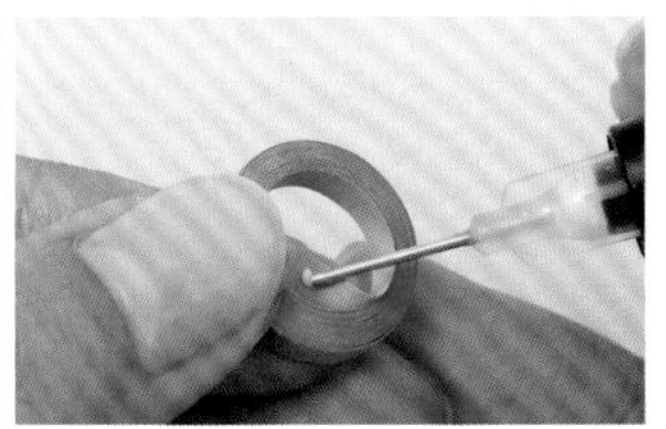

5 在紙條末端上膠固定，完成！

空心淚滴捲

1 先完成空心密圓捲，但起始端不要上膠固定。

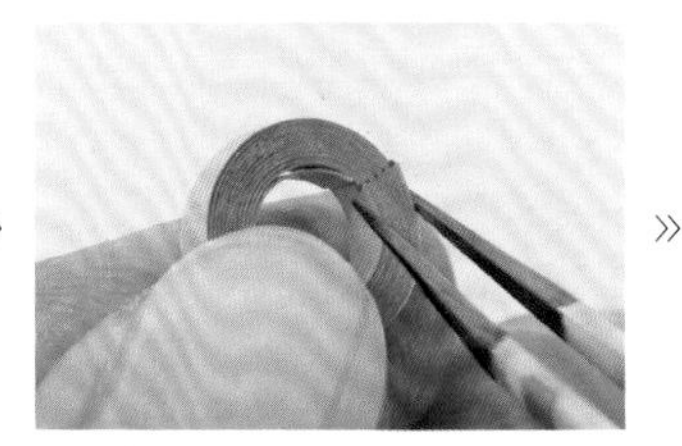

2 使紙條的始起端＆尾端成一直線（修剪多餘的尾端），再分別上膠固定。

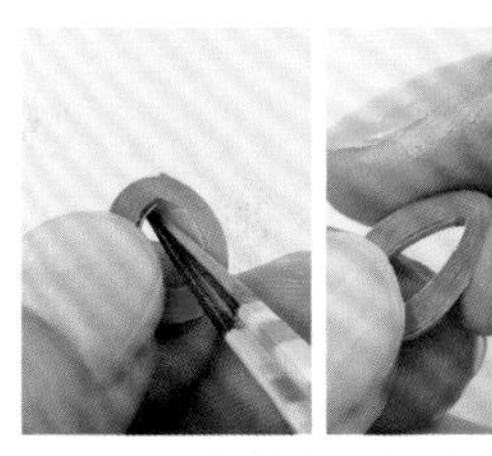

3 以鑷子尖端抵住紙條的起始端，指腹從外側輕輕壓夾出水滴的尖端。

空心鈴鐺捲

以手指造型

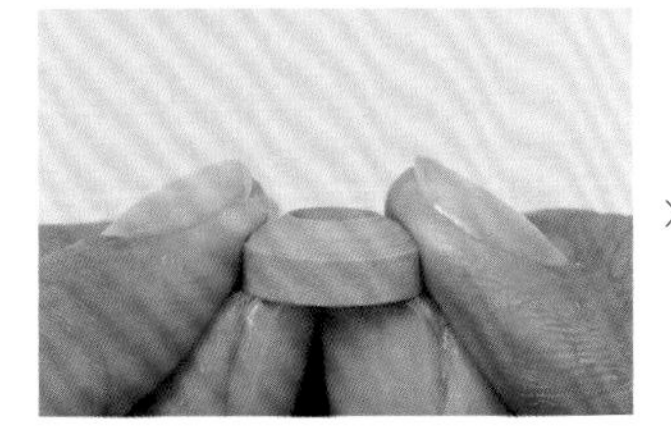

1 以手指自空心密圓捲的背面側輕輕推高。

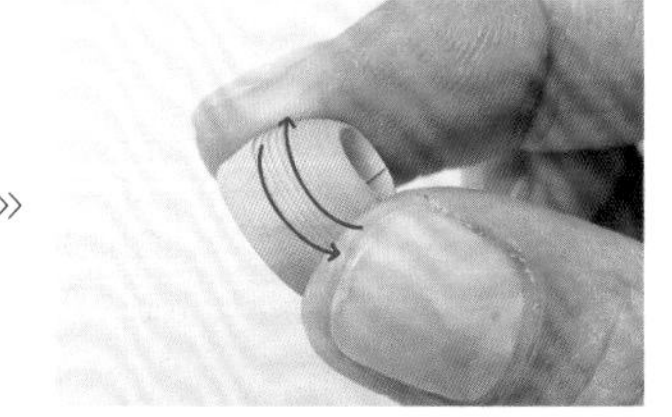

2 以大拇指＆食指握住側面，依箭頭方向來回輕壓，讓中間的漩渦隆起至希望的高度。

使用立體模

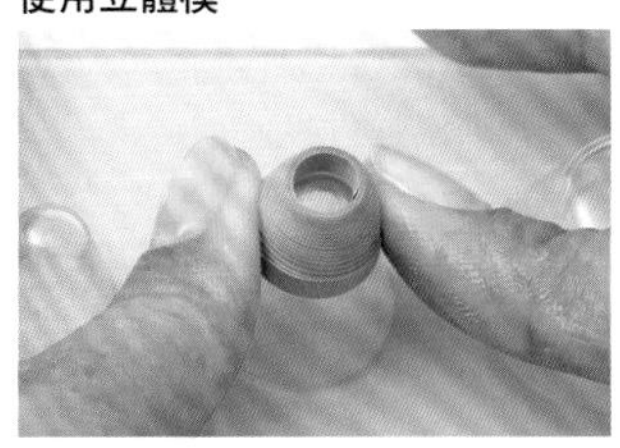

將空心密圓捲放在模具（或戒指展示架）上，輕推出造型。

旋渦捲系列　＝捲紙後鬆開，不需上膠的部件。

疏圓捲

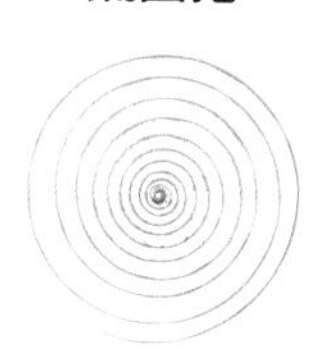

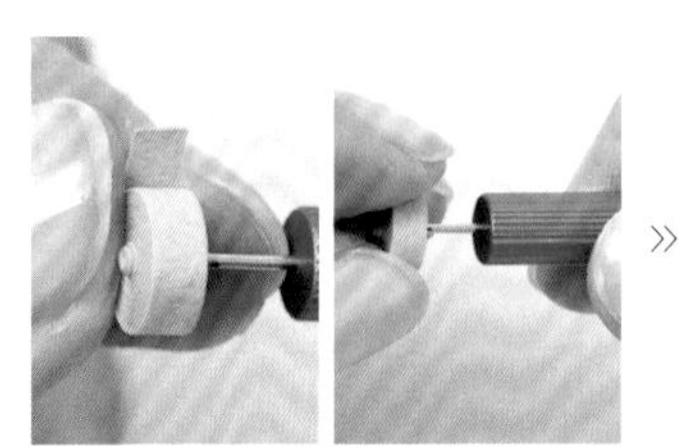

1 捲完紙後再多繞幾圈，輕按定型約5至6秒。

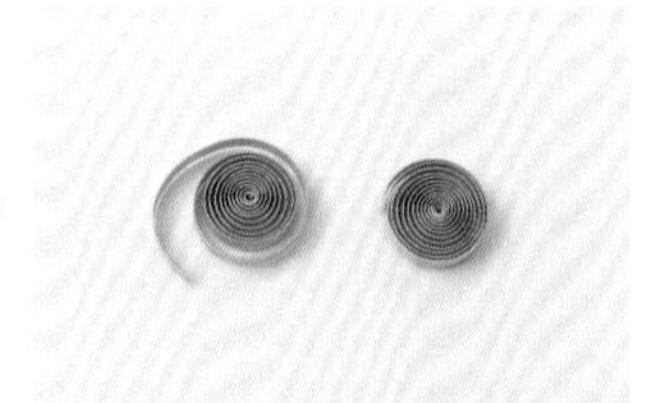

2 如果沒有輕按數秒，就會如左圖般散開（右圖則是仔細輕按定型後的模樣）。

Point

想作出漂亮的旋渦

第1圈要仔細捲緊。第2圈之後就不需出力，順順地捲（過度用力可能使旋渦變得凹凸不均），最後一圈再仔細捲緊。此外，從捲紙筆拆下成品時，將捲紙筆朝下、讓紙捲順勢滑落，漩渦的形狀就能漂亮且不變形。

C形捲

1 先使紙條形成弧度。找出中心點後，手指捏夾紙條，分別往兩側輕滑＆利用大拇指指甲輕刮。

2 使紙條呈現C形弧度。

3 將紙條上下兩端往中央捲。並使上下的捲繞圈數相同，成品才會均等漂亮。

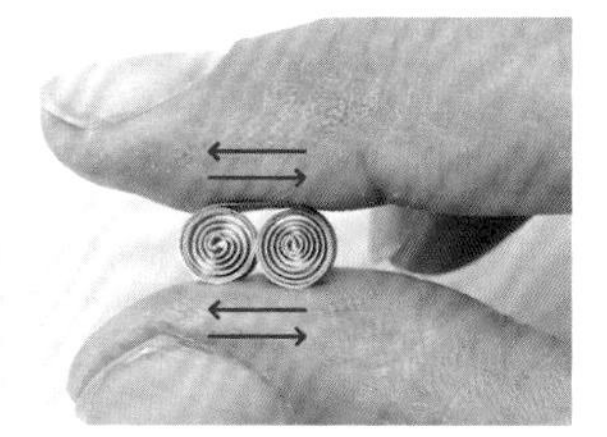

4 左右大小不一時，可如圖示以大拇指＆食指按住，依箭頭方向輕輕滾動，調整形狀。

S形捲

改變捲紙的比例，即可作出自己喜歡的造型。左側是不捲至中心點，中間是捲至中心點，右側是上下兩端的捲紙長度不同；不同的作法，呈現的紙圈大小也各有變化（也有稱這樣的疏圓捲為離心S形捲）。

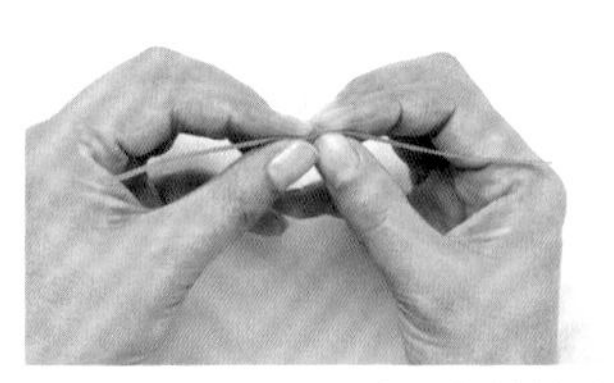

1 找到中心點後輕壓出記號（製作離心S形捲時，則可任意找到一點輕壓出記號）。

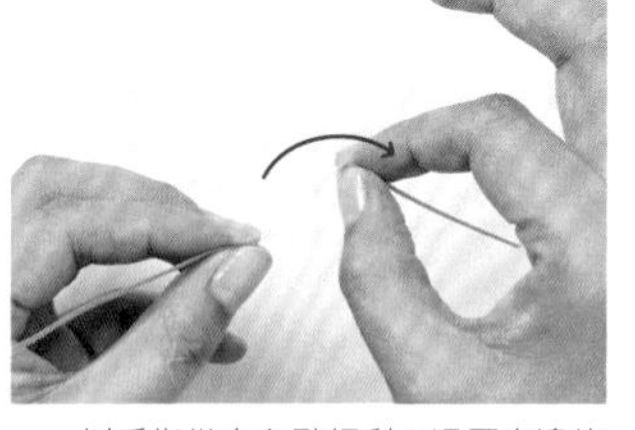

2 以手指從中心點輕刮＆滑壓半邊的紙條。

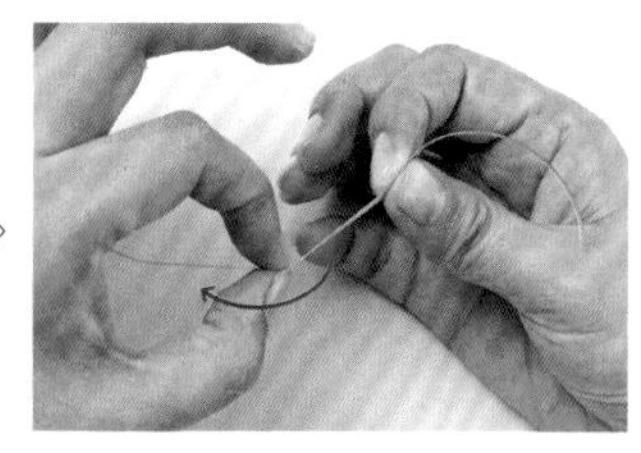

3 往步驟2相反方向，將另一邊也從中心點以手指壓著滑過。

4 使紙條呈現S形弧度。

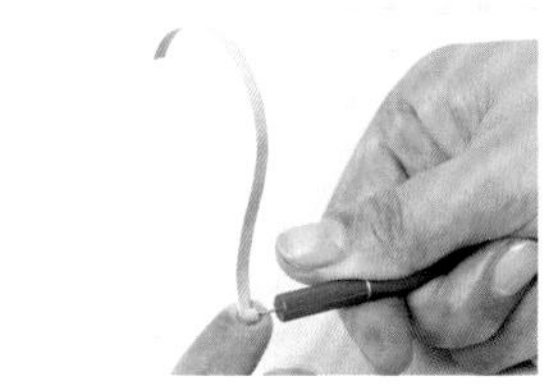

5 將紙條一端往中央方向捲，捲至中心點後可輕壓5至6秒防止彈開。另一端也以相同方法進行。

疏圓捲系列 ＝捲紙後鬆開，需上膠固定的部件。

疏圓捲

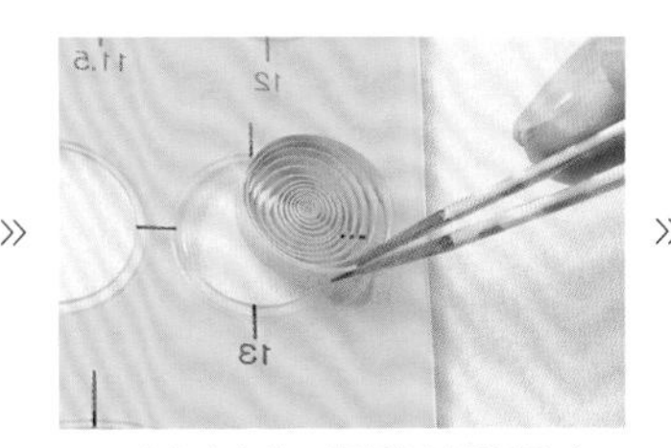

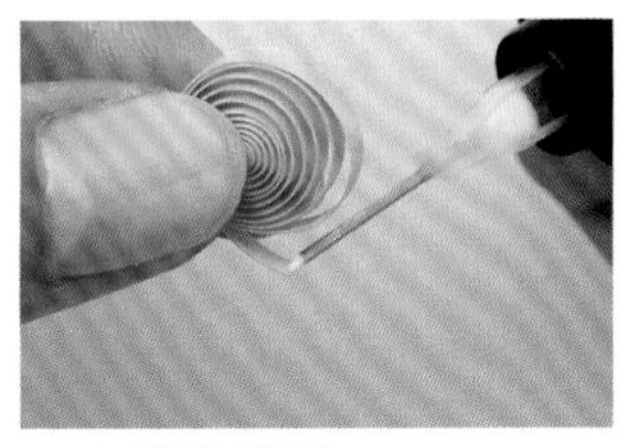

1 捲紙後放入希望大小的圓圈板中（或對照P.57圓直徑尺寸圖），調整至符合尺規大小。

2 確定大小後，輕輕地以鑷子取出，注意不要破壞造型。

3 在尾端上膠固定。

淚滴捲

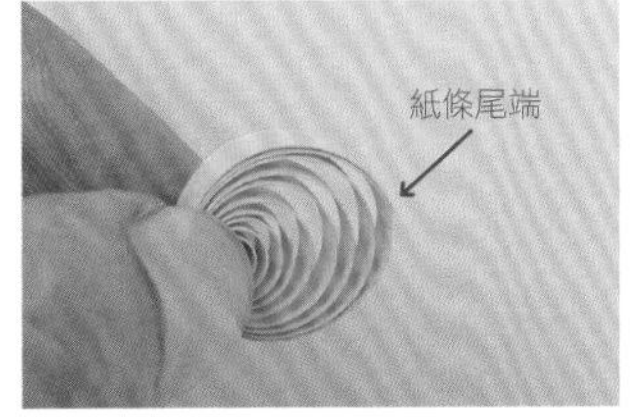

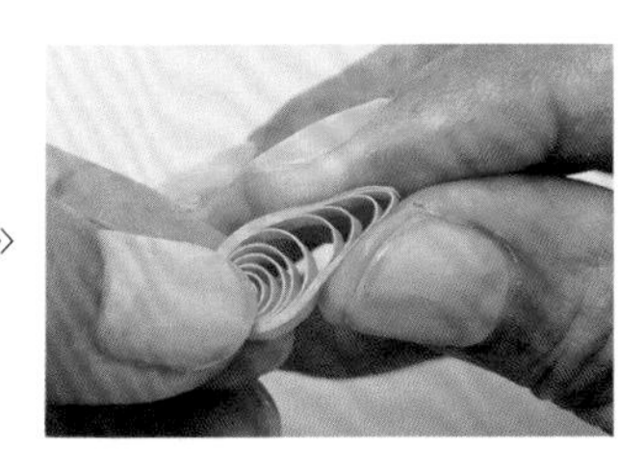

1 先完成疏圓捲，再將漩渦中心點往下移動並以手指按住固定。此時需注意紙條尾端應位於淚滴捲的頂端位置。

2 將頂端處捏尖。

造型淚滴捲

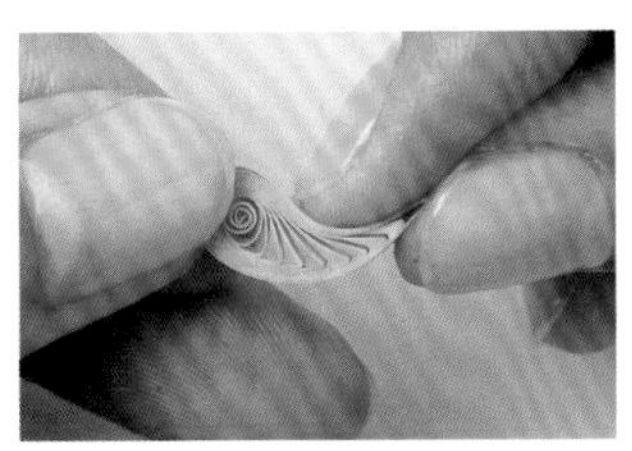

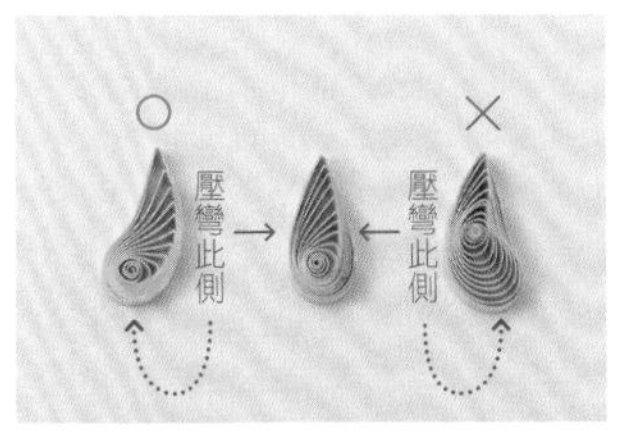

1 先完成淚滴捲，再將一側往內彎出弧度。

2 請特別注意，需在圖示的相同側彎出弧度，造型才會漂亮。

將圖中央的淚滴捲在左側彎出弧度，就會呈現漂亮的造型。如果在右側彎出弧度，則會擠壓漩渦及螺紋，無法漂亮成型。

心形捲

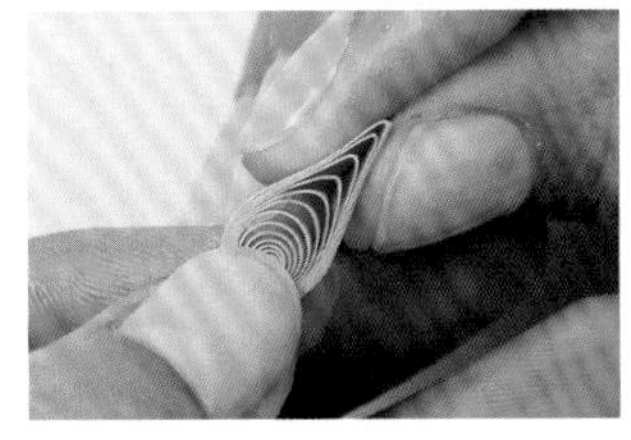

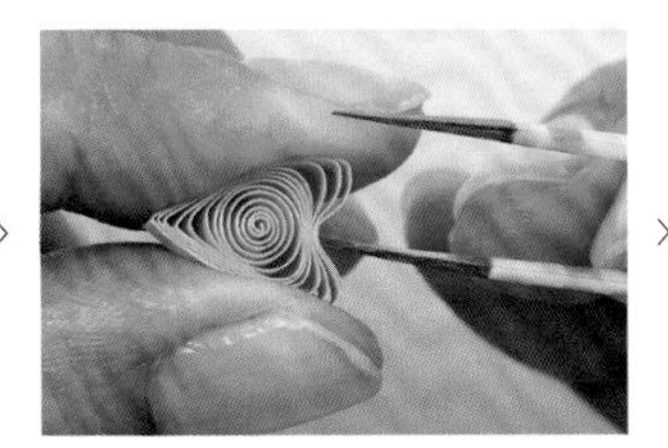

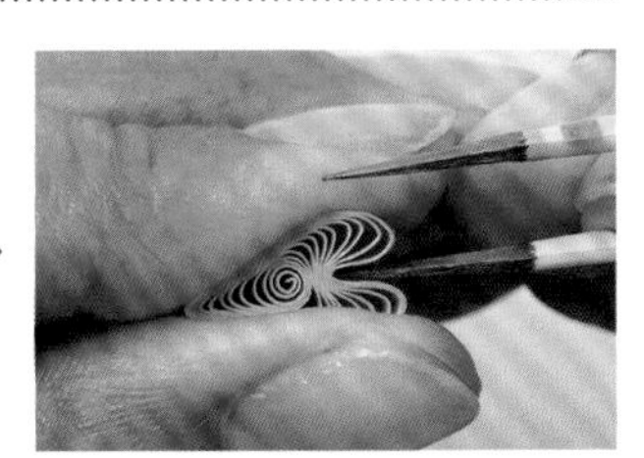

1 先完成淚滴捲，再讓漩渦中心點往下移動。務必先在此步驟調整中心點，完成後的漩渦才能回到中間位置。

2 兩手指輕輕握住尖端兩側後，以鑷子壓入圓弧端的中間位置，一邊壓一邊慢慢打開兩手指握住的幅寬。

3 鑷子壓入至理想的深度時，不移開鑷子，以兩指腹上下輕捏塑型。

箭形捲

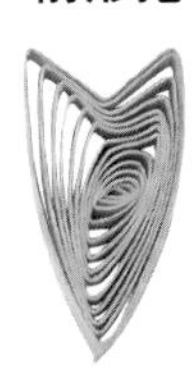

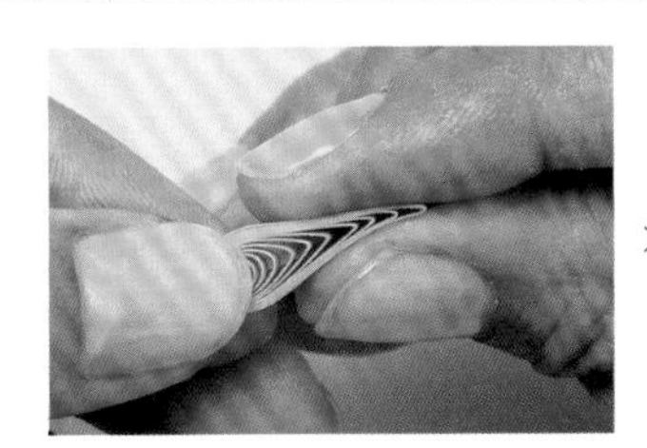

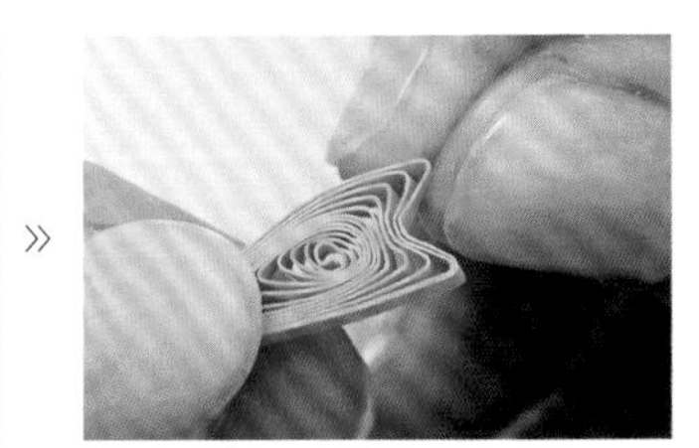

1 先完成細長的淚滴捲。

2 依心形捲的製作要領，將鑷子壓入圓弧側後，不移開鑷子，以兩指腹上下輕捏塑型。

3 移開鑷子，將2個山形端以手指捏尖。

三角捲

1 捏住疏圓捲的結尾部位，作成偏圓的淚滴捲。

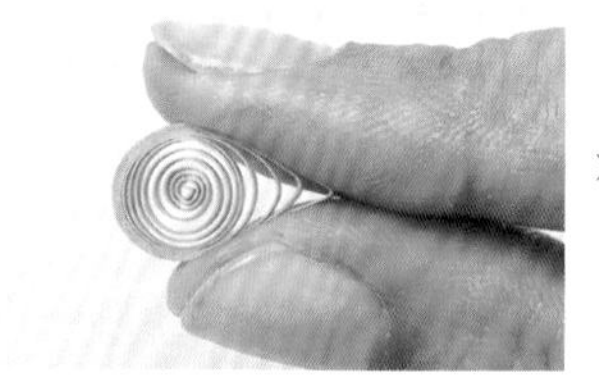

2 讓漩渦的中心點維持在中間位置，如圖示以兩指夾住尖端。

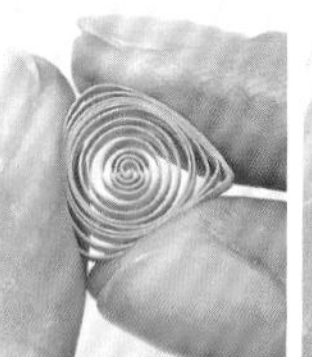

3 再以左手手指從側邊按壓成三角形後，三指指腹施力＆壓塑造型。

扇形捲
（使三角捲的底邊呈圓弧）

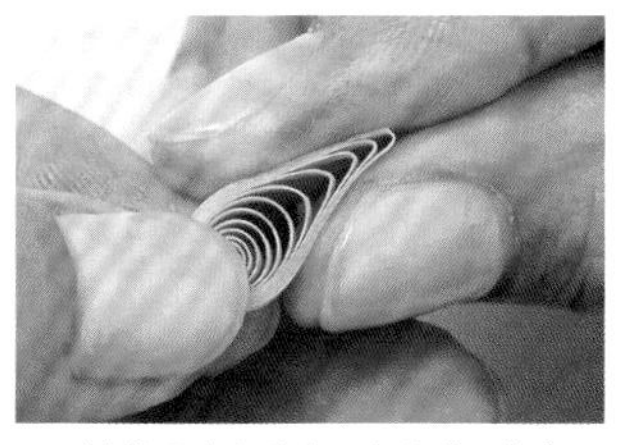

1 讓漩渦中心點往下方移動，作出淚滴捲。

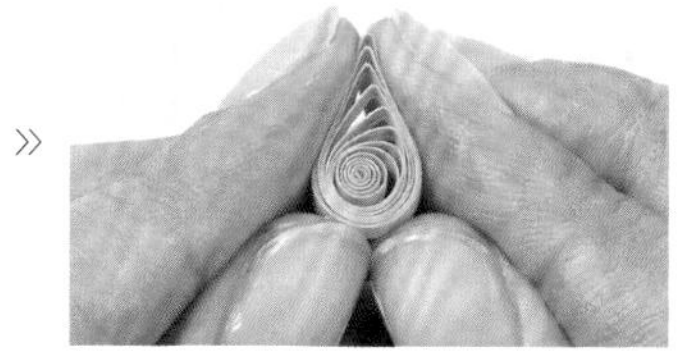

2 以雙手的食指＆拇指如圖示方式握住部件。

3 兩側的食指往下壓，底邊維持圓弧，輕摺出左右兩側的邊角。

半圓捲
（低）

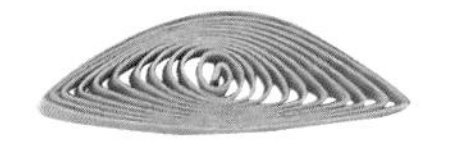

1 如圖示手握疏圓捲，使尾端位於3點鐘方向。

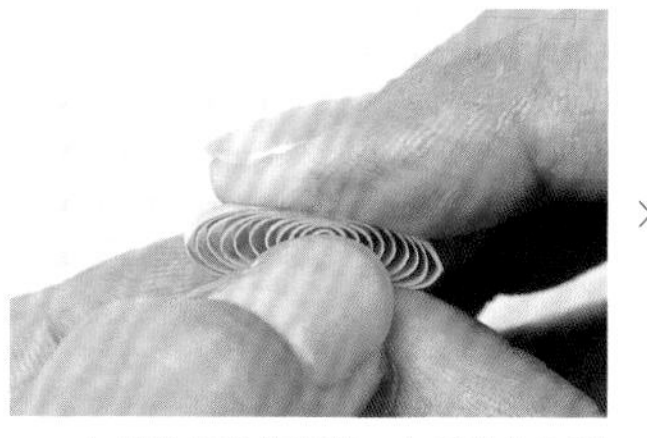

2 左手維持手持姿勢，右手從上下兩側輕壓至橢圓形。

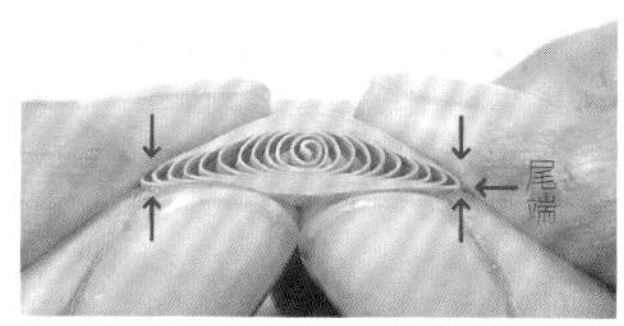

3 兩手的拇指＆食指如圖示握住兩側，並讓底邊呈直線，再依箭頭方向微壓合，將兩端摺出邊角。

Half Circle半圓捲
（中）

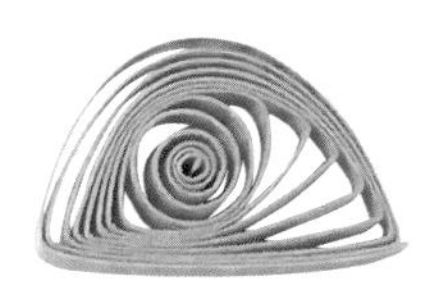

尾端

1 如圖示手握疏圓捲，使尾端位於4點鐘方向。

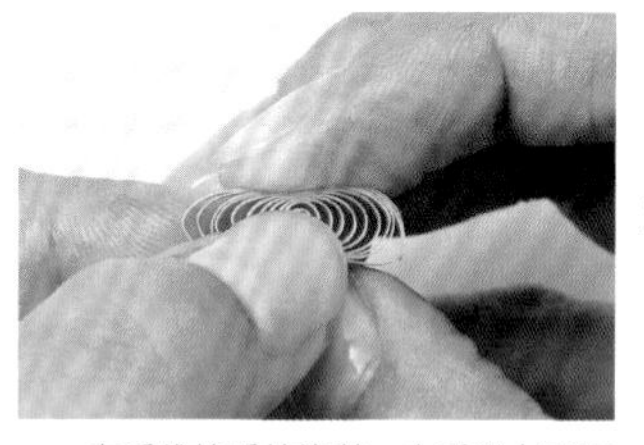

2 左手維持手持姿勢，右手從上下兩側輕壓至橢圓形。

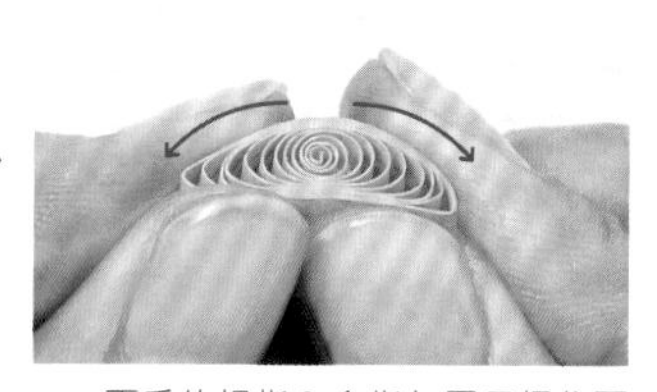

3 兩手的拇指＆食指如圖示握住兩側，並讓底邊呈直線，再將食指往左右兩側輕滑，在兩端摺出邊角。

半圓捲
（高）

1 先將尾端處捏尖，作出淚滴捲。

2 如圖示手持，固定漩渦中心點。

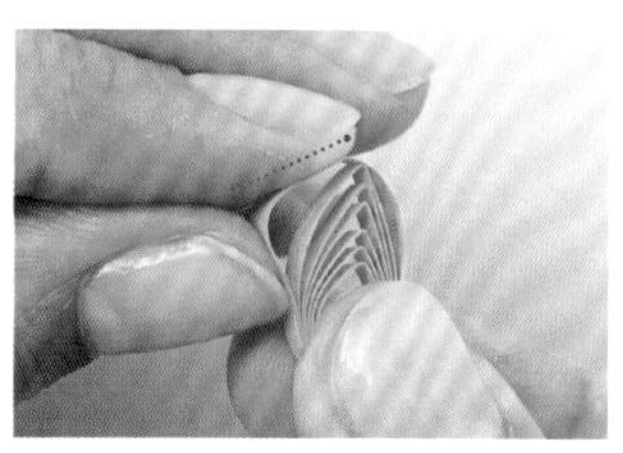

3 摺出邊角作出底部（圖中的虛線位置）。藉由改變底部長度，使高度也跟著改變。

月牙捲

1 先完成疏圓捲，再以指腹從上下側邊輕壓成橢圓形。

2 將尾端留在慣用手側的邊角並彎出弧度後，另一端也捏出摺角。

3 成形後，壓合圓弧面稍作定型，並讓兩端尖角更明顯。

鑽石捲

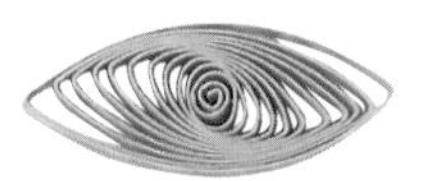

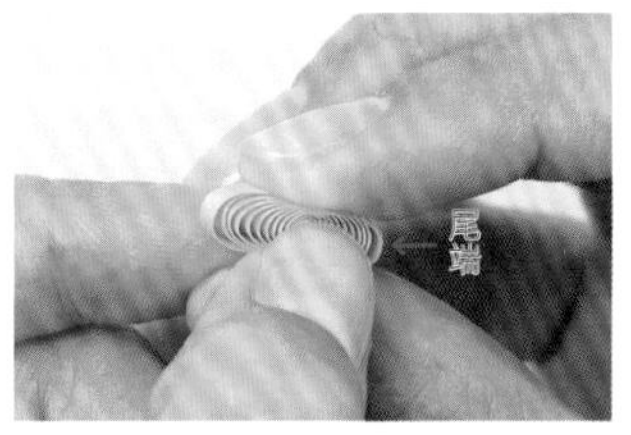

1 先完成疏圓捲，再以尾端為邊角位置，從上下側輕壓。

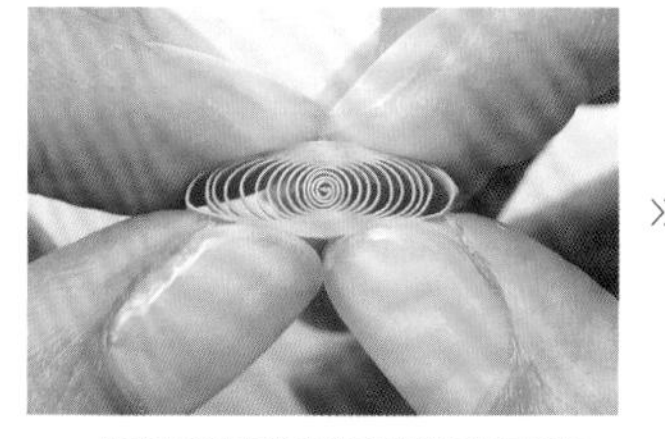

2 如圖示以兩手食指&拇指手持固定。

3 將兩端輕壓出摺角。

眼形捲

捏住鑽石捲的側面，從中間起彎出弧度。

Point

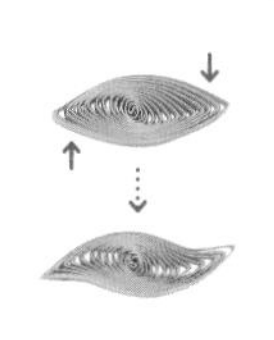

依箭頭方向順著漩渦較寬疏側往下壓，即可呈現漂亮的造型。如果從漩渦較密集處下壓，則會破壞造型。

菱形捲

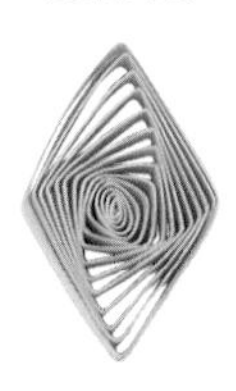

1 先完成疏圓捲，再以尾端為邊角輕壓成橢圓形後，如圖示以指腹按住整個側面加壓塑型。

2 旋轉90度，握住步驟1的上下兩端摺角後輕壓。

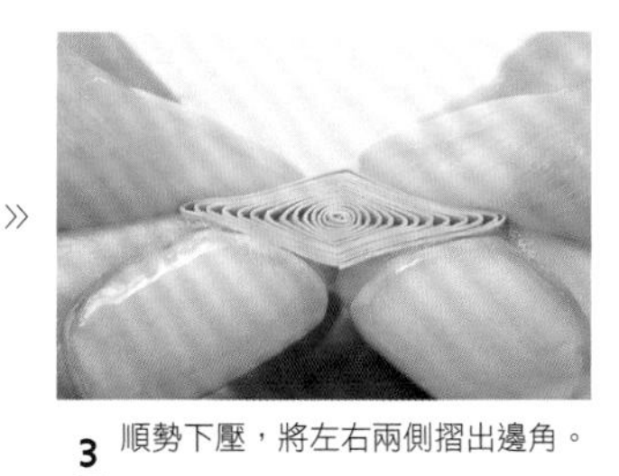

3 順勢下壓，將左右兩側摺出邊角。

方形捲

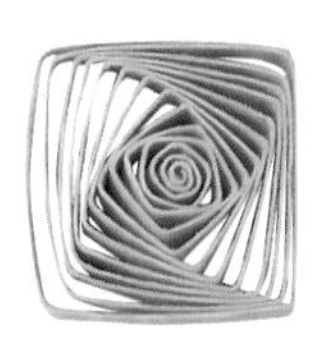

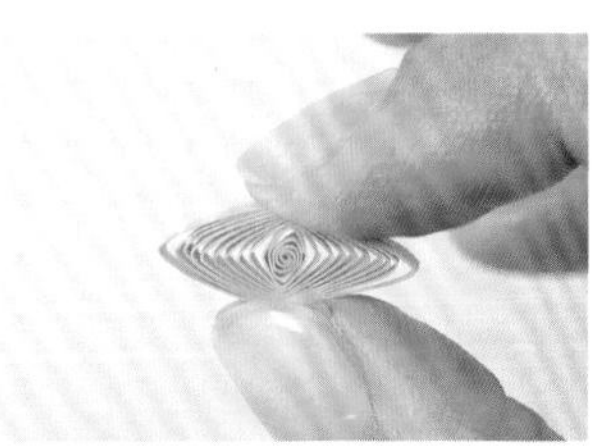

先完成菱形捲，再將對角線較長的兩端邊角瞬間下壓，回彈後就變成正方形了！

離心捲

使用透明塑膠片

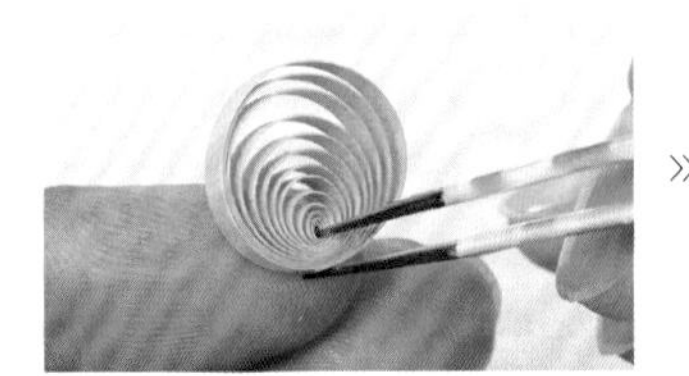

1 先完成疏圓捲，讓漩渦中心點往下方移動後，以鑷子夾住。

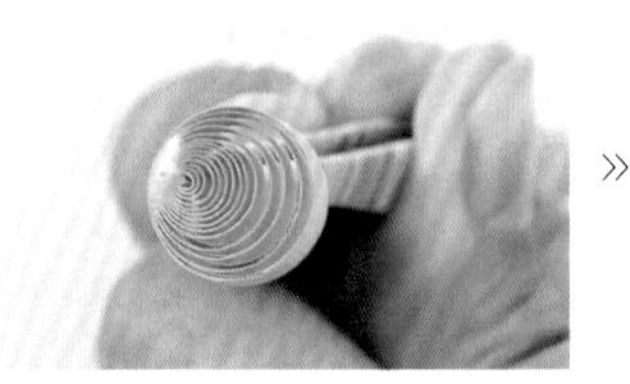

2 注意不要破壞漩渦的密度，在漩渦密集處塗入一層薄膠（以上膠面為背面）。

3 將部件的塗膠面朝下，放在透明塑膠片或容易分離黏膠的片狀物上。靜置乾燥後，從塑膠片上取下。

使用圓圈板

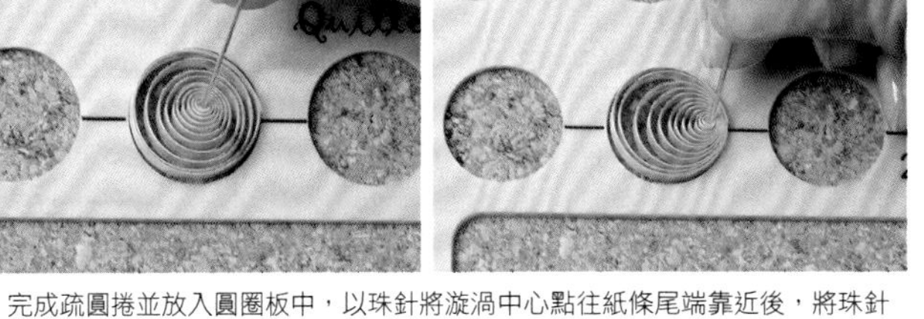

1 完成疏圓捲並放入圓圈板中，以珠針將漩渦中心點往紙條尾端靠近後，將珠針插入固定（把圓圈板放在軟木塞墊上，方便插入珠針固定）。

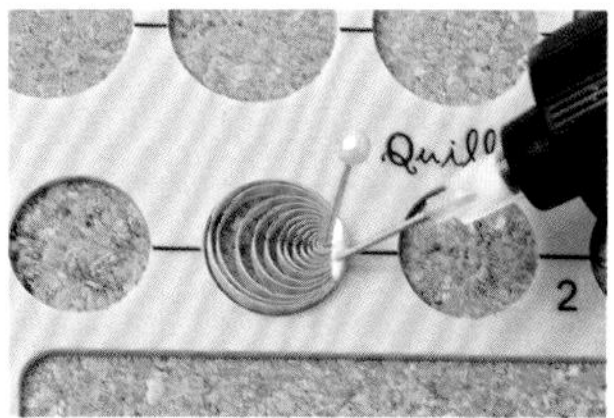

2 將珠針插入處塗入一層薄膠固定（以上膠面為背面）。

彈簧捲

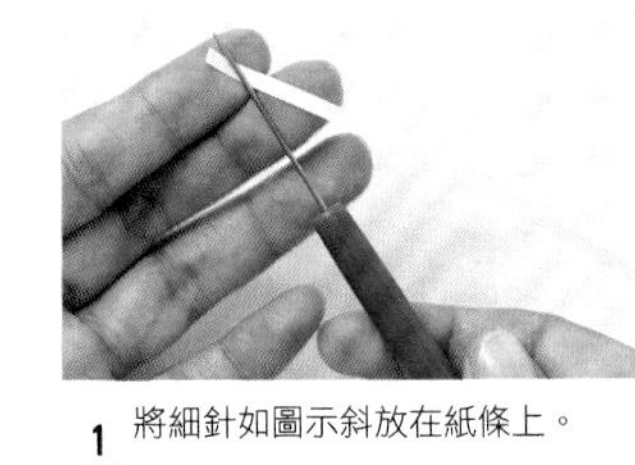

1 將細針如圖示斜放在紙條上。

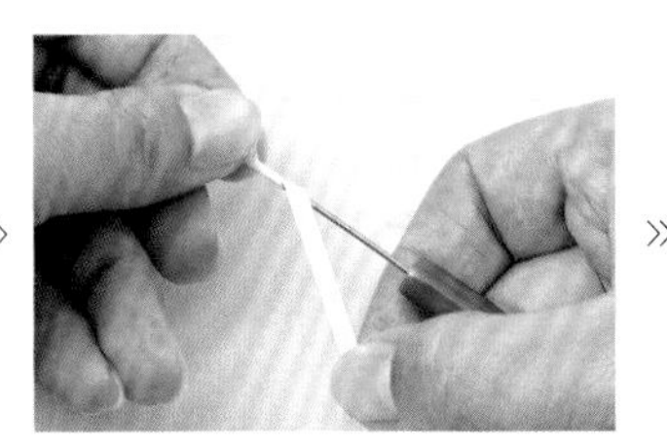

2 以不持針的手開始捲紙2至3圈。

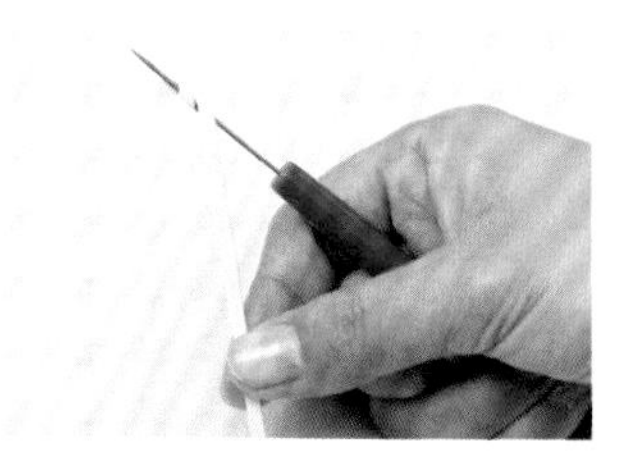

3 持針的右手如圖示將剩餘的紙條輕輕拉緊。

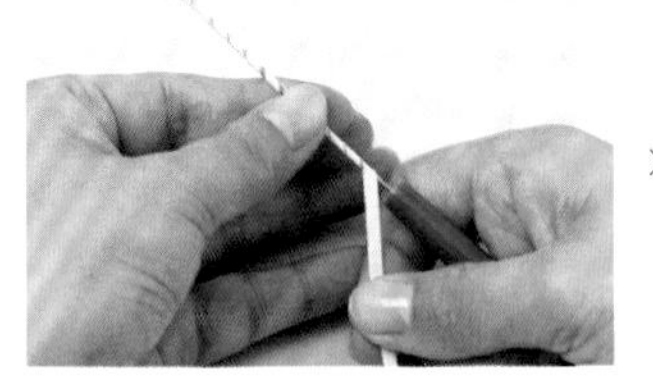

4 以左手旋轉針尖的方式進行捲紙。

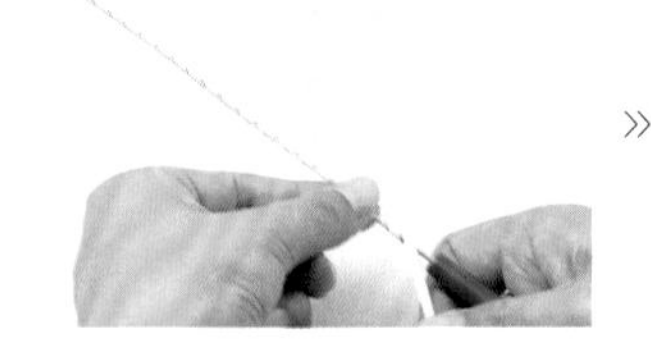

5 不移動手指握針的位置，繼續捲紙。

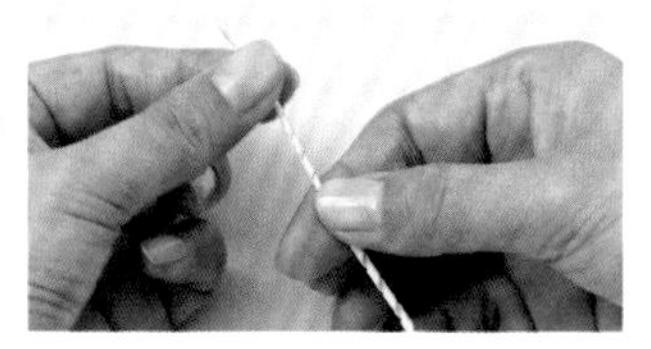

6 捲紙完成後取下細針，以手指再次捲緊。

波浪紋系列 ＝將紙條加工，作出波浪紋路。

波浪紋路的作法

使用右圖的工具，利用上段・下段齒輪壓出兩種不同的波浪紋路。

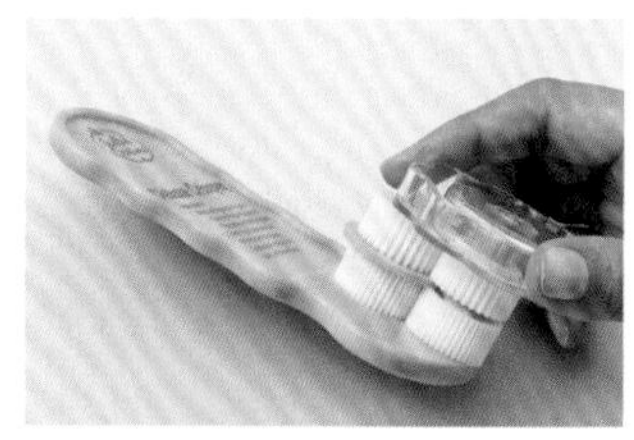

1 使用紙捲波浪工具。因上段・下段齒輪的溝槽大小不同，所以可製作出兩種不同的波浪紋路。

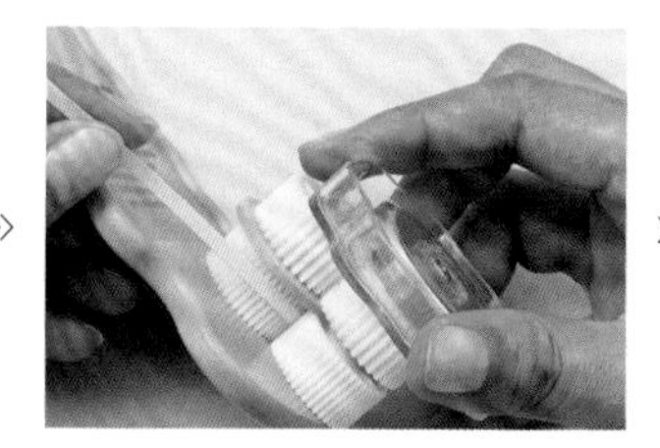

2 將紙條夾在兩齒輪之間，轉動齒輪。

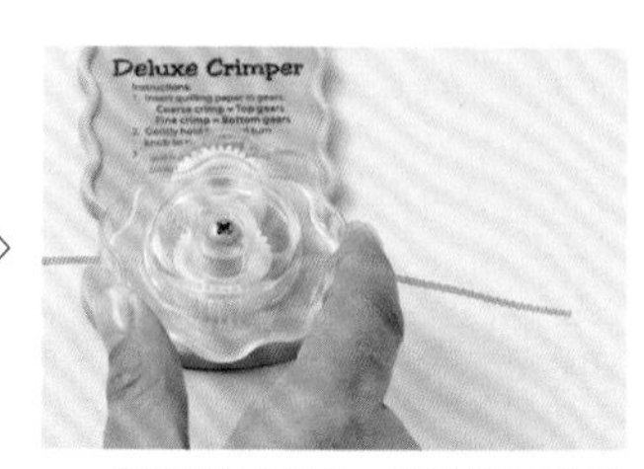

3 紙條穿過齒輪後，就形成了波浪紋路。

波浪密圓捲

將相同長度・寬度的紙分別穿過上段、下段的齒輪，亦可作出不同的波浪密圓捲。

上圖使用大波浪紋紙條，下圖則使用小波浪紋紙條。

使用捲紙筆

1 與製作密圓捲的要領相同，不要過度施力而將波浪紋路壓扁。

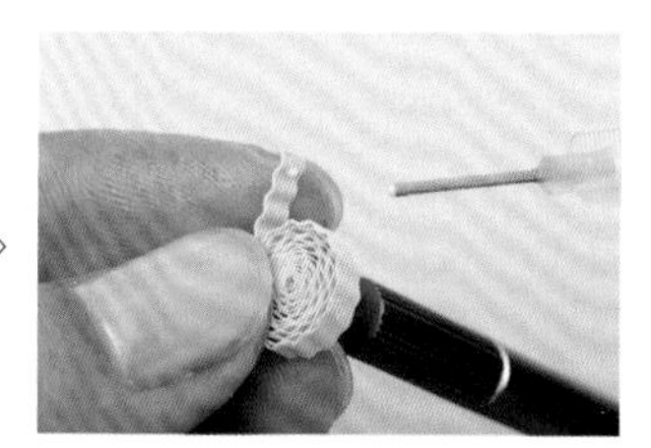

2 捲完後上膠固定。

徒手捲紙

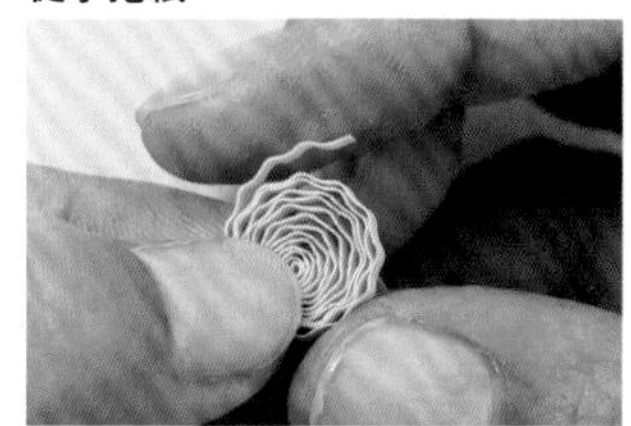

也可以徒手捲繞波浪紋紙條，捲完後上膠固定。

Point

波浪紋紙條會隨著反覆的觸摸，使得紋路漸漸變得不明顯；因此請盡量減少觸摸的次數，最好一次就可以完成造型。

波浪淚滴捲

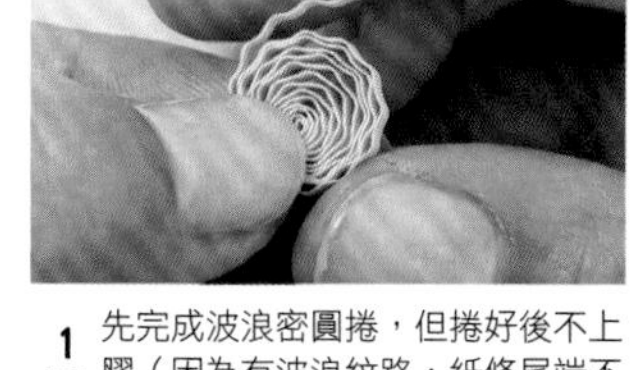

1 先完成波浪密圓捲，但捲好後不上膠（因為有波浪紋路，紙條尾端不一定能控制好在部件尖端位置，所以不需要先上膠）。

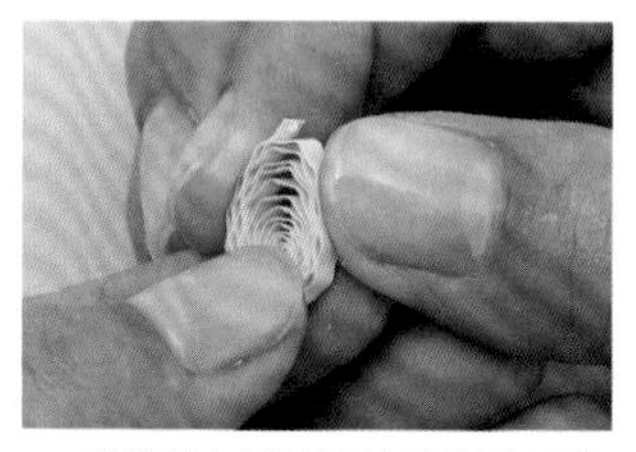

2 讓漩渦中心點往下方移動並以手按住固定，將紙條尾端調整至尖端位置後，壓出尖角。

3 調整形狀後上膠固定。

造型波浪淚滴捲

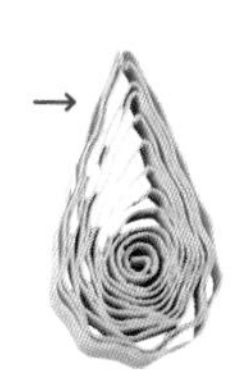

在圖示的箭頭部位，將波浪淚滴捲以手指彎出弧度。作法同造型淚滴捲（P.27）。

DOUGHNUTS

甜甜圈

裝飾甜甜圈

貼上碎紙片當成彩色巧克力米，
或以顏料點綴成巧克力醬。
多加一點裝飾，看起來就更加美味可口！

作法・圖解…（由左至右）巧克力甜甜圈，草莓甜甜圈：P.70
巧克力炸甜甜圈，波提甜甜圈，歐菲香甜甜圈：P.71
歐菲香甜甜圈，波提甜甜圈的詳細作法…P.35

抹茶＆草莓法蘭奇・奶油巧貝

乍看覺得好像很困難的法蘭奇甜甜圈，
只要了解作法，其實簡單就能完成！

作法・圖解…P.61

法蘭奇的裝飾＆組裝作法

1 製作主體用部件，並在單側邊角剪出和緩的斜度。

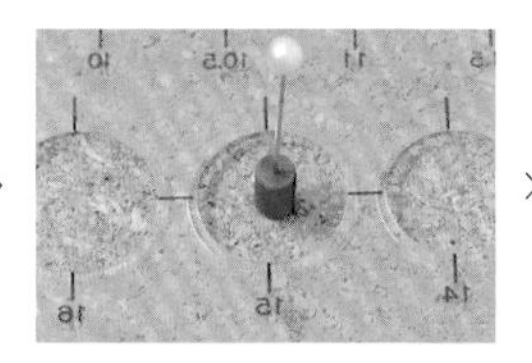

2 以珠針將中心用的部件固定在直徑15至16㎜的圓圈板中央（圓圈板的圓周如果有溝槽，會影響組裝，因此請將沒有溝槽的平面朝上）。

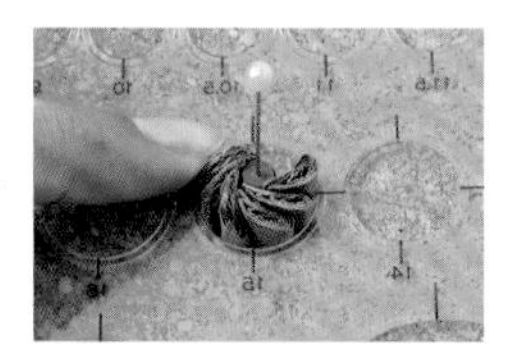

3 以邊角完整側圍繞中心部件，依序排列排抹茶色的部件。

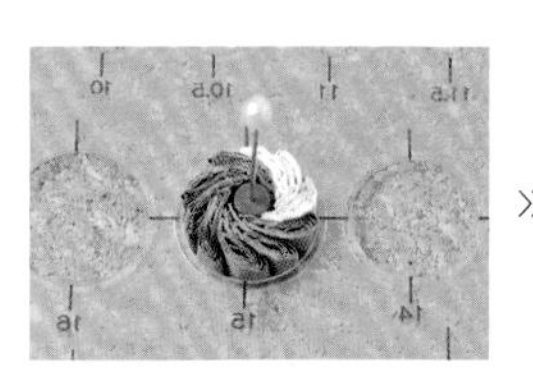

4 米白色部件也依序排列（如果擺不下，可移至再大一號的圓圈中進行排列）。

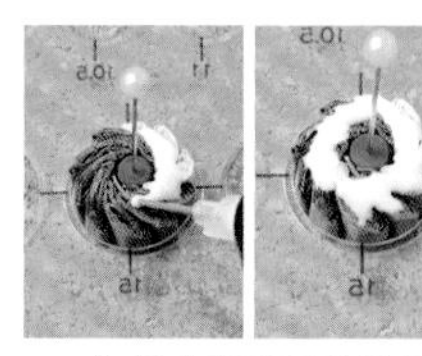

5 為了表現糖霜的塗層效果，在整體表面塗一層膠。

6 待黏膠乾後，先取下中心部件，再從圓圈板上取下主體。

熊熊甜甜圈＆
白巧克力脆片甜甜圈

圓滾滾的可愛熊熊造型甜甜圈，
呆萌的表情真的好療癒啊！

作法・圖解…P.71

裝飾的方法

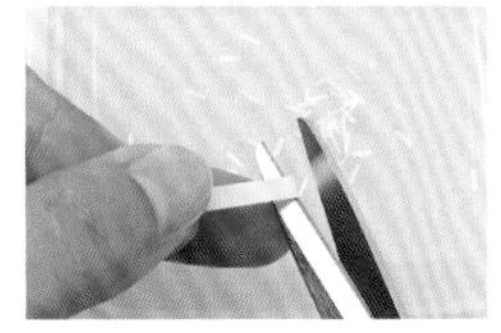

1 將紙片剪細碎當成裝飾。可以多剪一些備用。

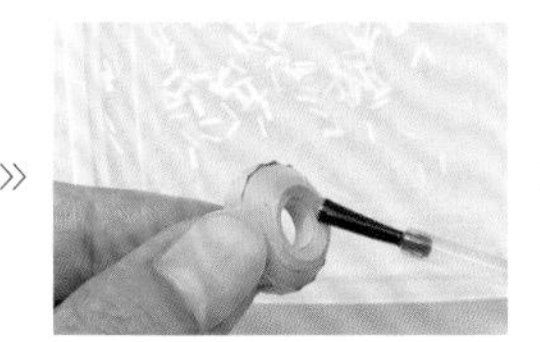

2 在想要裝飾的表面塗一層薄薄的透明漆（或黏膠）。

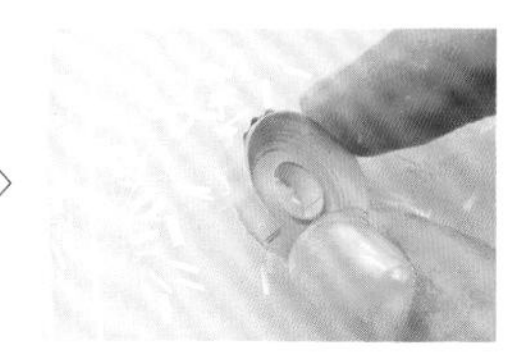

3 將塗透明漆面朝下，隨意沾取細碎的紙條。

歐菲香甜甜圈〔主體〕（P.32）作法

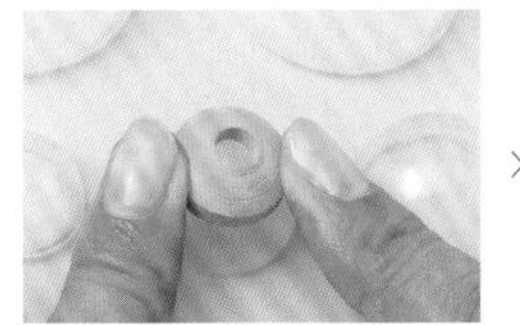

1 製作低空心鈴鐺捲。

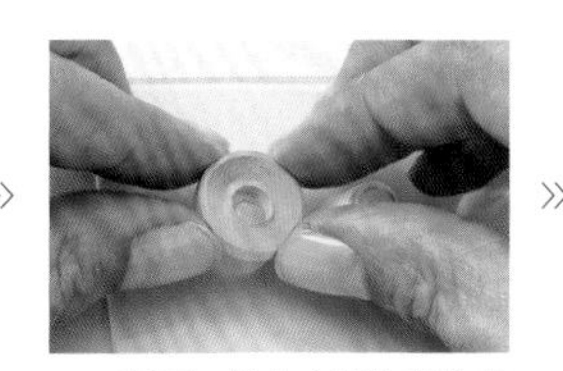

2 翻面，將中央部位稍微頂出一圈隆起。也可利用手指操作。

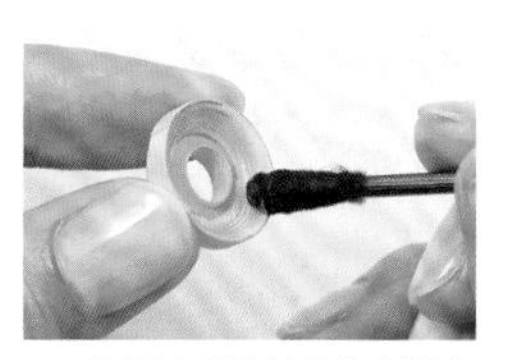

3 為了表現歐菲香的光澤亮面感，改為在表面塗膠。

＊巧克力甜甜圈、草莓甜甜圈，還有白巧克力脆片甜甜圈的背面是歐菲香的表面。

波提甜甜圈（P.32）作法

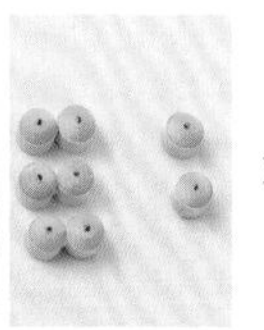

1 製作8個葡萄捲後，以2個為1組在側面上膠相鄰黏貼（共作3組），剩餘2個不上膠。

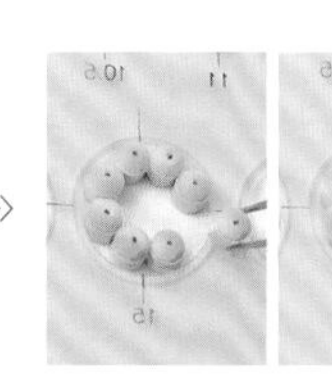

2 在圓圈板直徑15至16㎜的圓圈中，排列部件並上膠固定。一開始先固定2個1組的部件，最後再依次固定剩餘2個的單個部件。

杯子蛋糕（P.14） 底座作法

1 在波浪紋路加工的紙條上，每間隔2個波浪剪出切口。

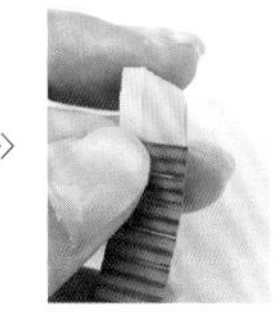

2 圍繞空心鈴鐺捲的杯子主體黏貼一圈後，剪掉多餘的部分

3 在杯體＆波浪下緣處上膠，以打摺重疊的方式將底部完全包覆。

APPLE PIE

蘋果派

包括製作蘋果派＆內餡蘋果的各種蘋果，
還有小兔子蘋果也一起完成吧！

作法・圖解…蘋果派：P.61，小兔子蘋果：P.73
其他蘋果的作法：P.72
蘋果派的詳細作法…P.57

紅蘋果・青蘋果

為了表現剛採收下來的蘋果，
裝飾上鮮綠的葉子吧！

作法・圖解…P.72

蘋果作法

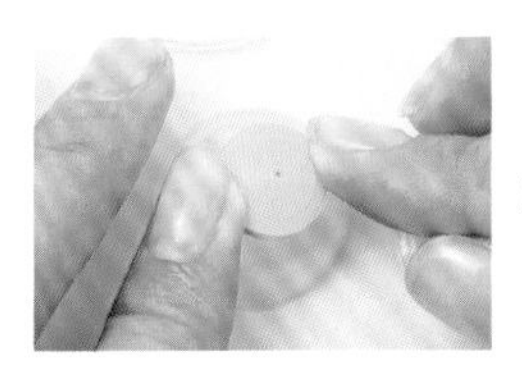

1 製作主體（上半）的葡萄捲。

»

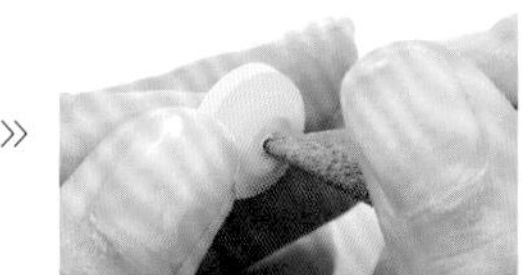

2 以戒指展示架的尖端將中心稍微壓凹。

»

3 將主體（下半）的寬口邊緣沾附上少許黏膠，與主體上半部貼合固定。

對切蘋果作法

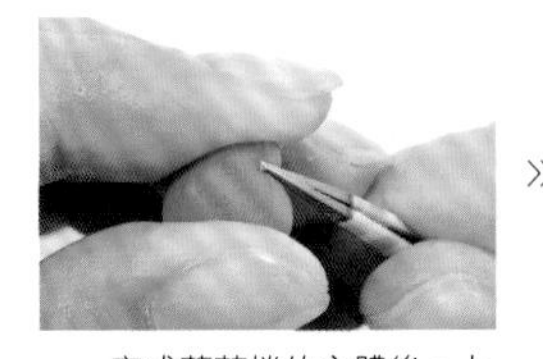

1 完成葡萄捲的主體後，上方側以鑷子壓凹，下方側也同樣壓凹。

»

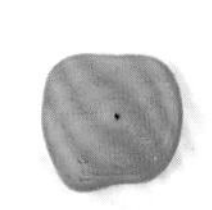

2 使上下側壓凹的深度略有不同，看起來更自然且擬真。

蒂頭＆葉子的貼法

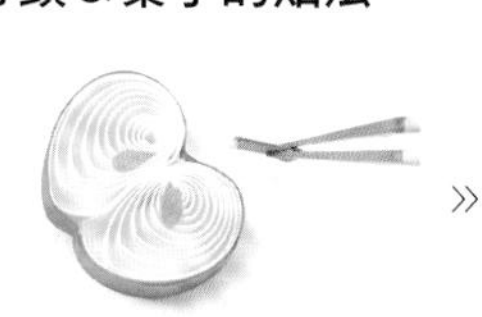

1 在蒂頭邊端上膠後與主體貼合固定。請參考圖示中的膠量已經足夠貼穩，不要過多。

»

2 在葉子側面上膠後，插入蒂頭與主體間的空隙處貼合固定。

CANDY

糖果

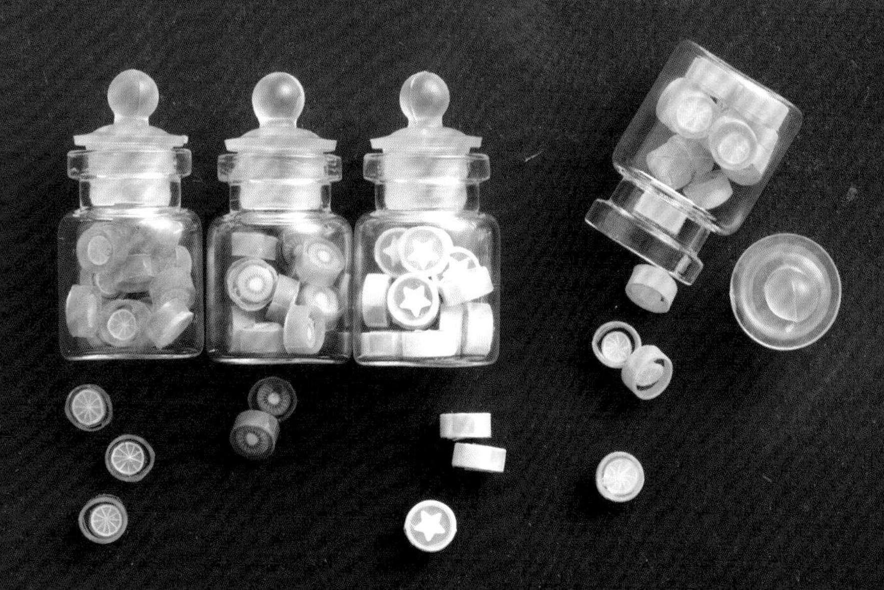

迷你糖果

將空心密圓捲填入UV膠，
變出帶有透明感的可口糖果！

作法・圖解…P.74
詳細作法…P.56

棒棒糖

以三色紙條製作彩色棒棒糖。
塗上自己喜歡的顏色，
作出獨家口味的棒棒糖吧！

作法・圖解…P.74

棒棒糖紙的作法

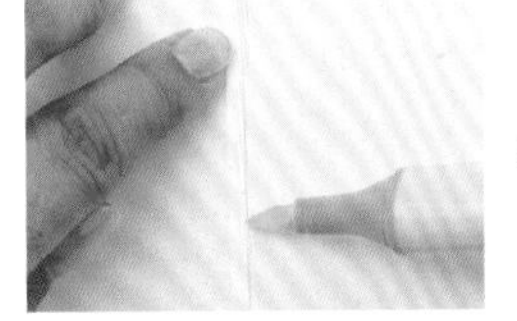

1 以螢光筆先沿紙條的單側邊緣塗色。

2 另一側邊緣也塗上其他顏色。

3 最後在中間再塗上第三種顏色。

4 塗上不同的顏色就可以作出自己喜愛的棒棒糖。下方的紙條，皆對應上方的作品。左側紙條共塗上黃色、紅色，與藍色。中間＆右側紙條是各自在兩邊塗上深淺不同的藍色和紅色，中央則保留紙的原色。

棒棒糖的造型作法

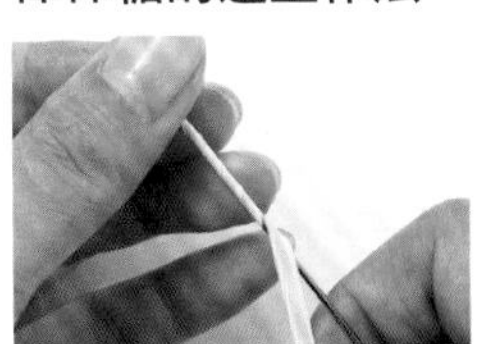

1 將主體用的紙條製作彈簧捲。

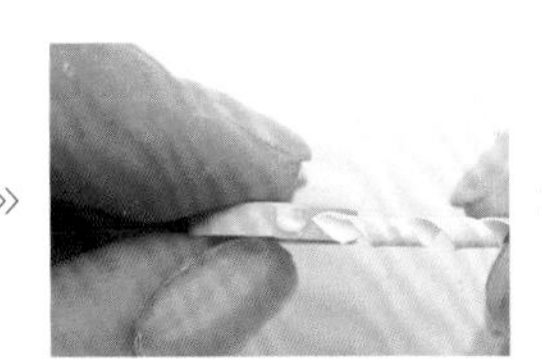

2 在作為背面底座的密圓捲側面上膠，與主體用紙的前端貼合。

3 在側面取幾個位置點上黏膠，圍貼一圈。

4 圍貼一圈後，在密圓捲的表面幾處也點上黏膠，再從外圍往內捲繞貼上。

5 捲貼至中心處，剪掉多餘的紙，將尾端往中間壓入。

6 找到從側面往上圈繞的位置，黏上棉花棒的紙桿，完成了！藉由黏貼棒子的位置處理，可使段差變得不明顯。

Point

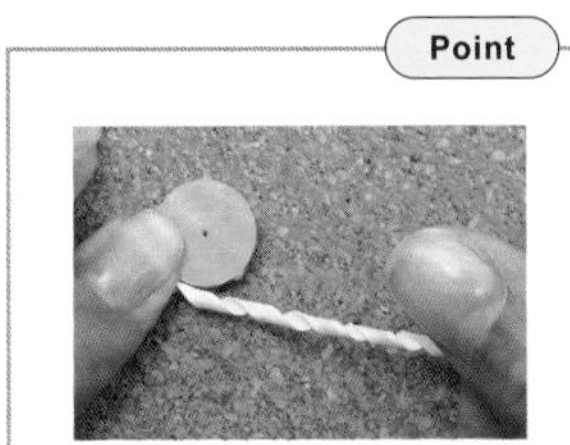

與底座組合的過程中，彈簧捲可能會鬆開，所以要邊捲邊貼喔！

ICE CREAM

冰淇淋

挑選自己喜歡的紙來作，
口味＆配料都能隨心所欲！

作法・圖解…P.73

夾在甜筒餅乾＆冰淇淋中間的波浪紋，
是美味感的重點。

Point

冰淇淋＆甜筒餅乾的貼合重點

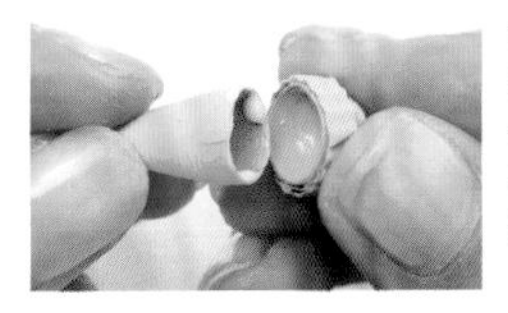

在甜筒餅乾的寬口邊緣上膠後，與冰淇淋主體貼合。由於冰淇淋主體會稍微蓋住接口，所以黏膠多一點也無所謂（黏膠量可參見圖示，不需太多即可牢牢固定）。

PARFAIT

百匯聖代

不論主角是布丁或冰淇淋，
都加上新鮮水果作出繽紛的聖代！
祕訣是先完成所有配料後，
再慢慢視整體平衡＆比例進行裝飾。

水果布丁百匯聖代

布丁＆上面的焦糖，
是黏接兩色的紙條後，
一起捲製而成。

作法・圖解…P.62
紙條的黏接方法…P.55
立體鮮奶油的詳細作法…P.53
百匯聖代的裝飾＆組裝作法…P.45

巧克力百匯聖代

在冰淇淋周圍裝飾上脆片＆
以牙籤製作的巧克力棒，
讓作品看起來更加逼真。

作法・圖解…P.62
紙條的黏接方法…P.55
百匯聖代的裝飾＆組裝作法…P.45

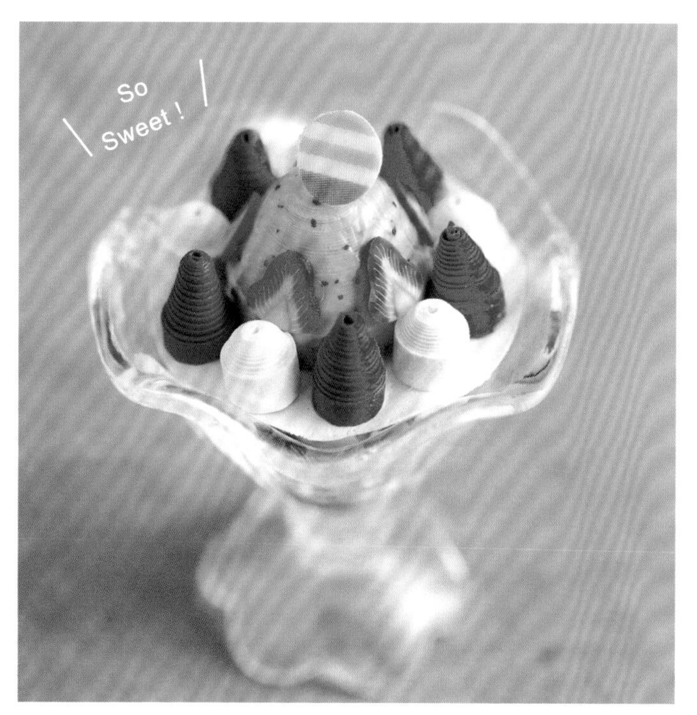

草莓百匯聖代

將簡單的部件搭配排列，
就變身為可愛的草莓口味聖代。

作法・圖解…P.63
紙條的黏接方法…P.55
百匯聖代的裝飾＆組裝作法…P.45

哈密瓜百匯聖代

哈密瓜特有的網紋
讓作品大加分。

作法・圖解…P.63
紙條的黏接方法…P.55
百匯聖代的裝飾＆組裝作法…P.45
哈密瓜皮的貼法…P.45

百匯聖代（杯內）的裝飾&組裝作法

1 將彈簧捲剪數段5至7㎜的大小作為裝飾脆片。

2 分別完成底部、中段、上段的部件。

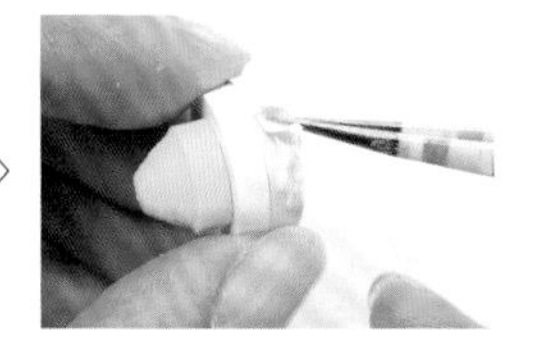

3 將3個部件依序組合固定後，周圍貼上步驟1的裝飾脆片。

4 貼滿一整圈。

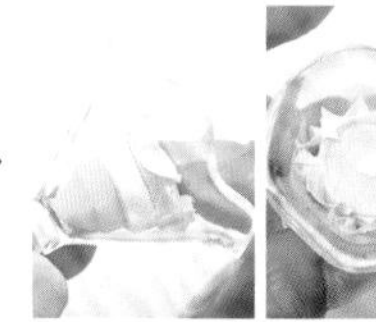

5 完成後放入杯中，在上段（密圓捲）的中間上膠。

6 貼上白色的紙（作為配料部件的底座）。

哈密瓜皮的貼法

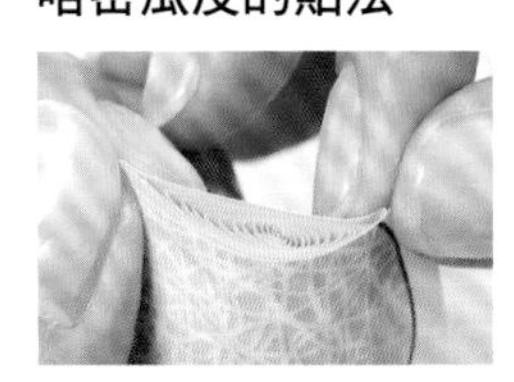

1 在月牙捲側面上膠，貼上哈密瓜皮的彩印紙（P.58）。

2 剪掉多餘的部分。

3 塗上透明漆，增加實物般的質感。

MACARON

馬卡龍

馬卡龍塔

華麗的馬卡龍塔，
是在值得紀念的日子裡
送給心愛之人的甜蜜驚喜。

作法・圖解…P.60・P.75
塔身・玫瑰的紙型…P.58
玫瑰的詳細作法…P.48

馬卡龍

組合兩種部件，
作出小巧可愛的馬卡龍。

作法・圖解…P.76

塔身的作法

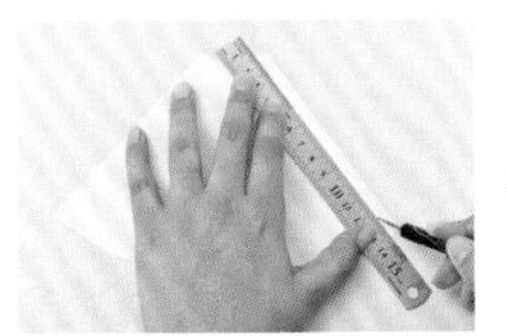

1 依紙型剪下需要大小的紙，以圓珠筆沿黏份的畫記線位置來回描畫數次，摺紙將更容易。

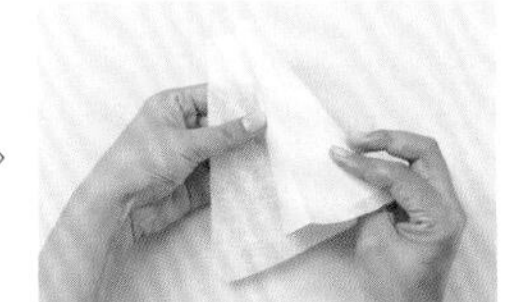

2 與自己喜歡的半透明印花紙重疊＆捲成圓錐型，黏貼固定。

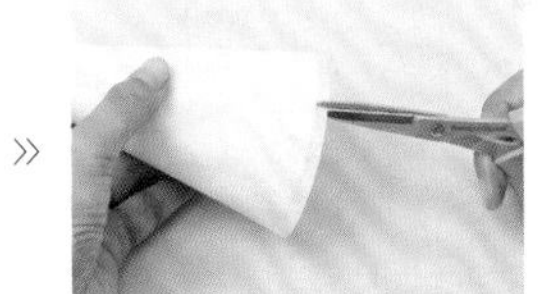

3 超出紙型的半透明紙，取1cm間距剪切口。

4 將底側的半透明紙內摺＆貼合。上方側作法亦同。

馬卡龍塔的底座作法

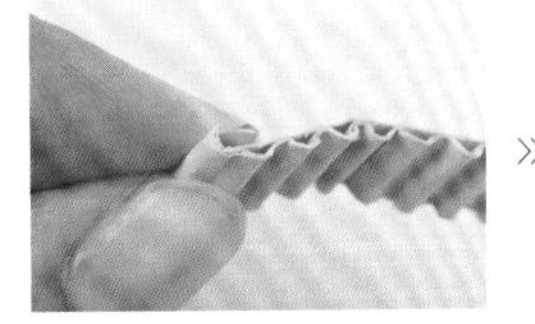

1 先將瓦愣紙的前2mm反摺。

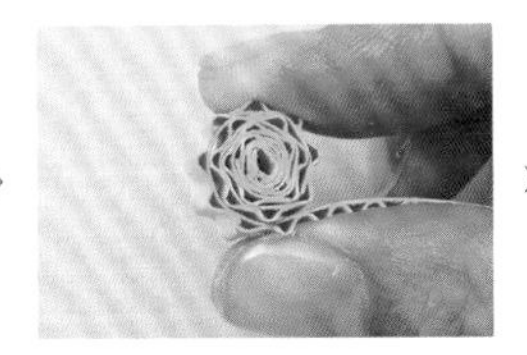

2 徒手捲紙。

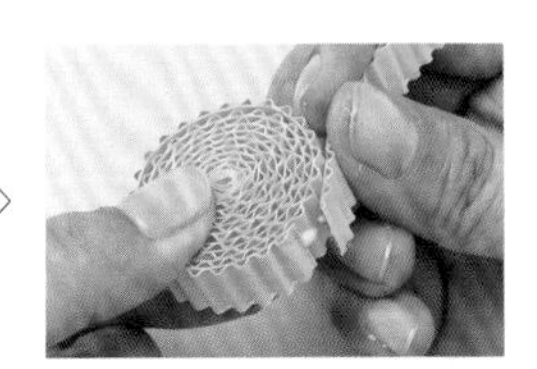

3 接紙時不要重疊，在之前的紙條尾端旁上膠，接續新的紙條＆進行捲紙。因為瓦愣紙已帶有厚度，如果再重疊，接點會明顯不平整。

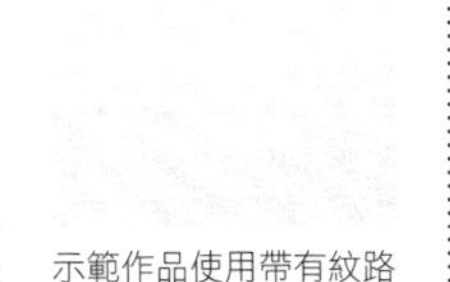

示範作品使用帶有紋路的半透明藝術紙（art dreep）。

馬卡龍塔裝飾用玫瑰作法

1 準備5片花瓣用紙，放在軟木塞墊上以圓珠筆輕輕轉壓，作出花瓣的圓弧感（在花瓣上輕輕畫圓，以呈現自然弧度）。

2 在中心花瓣的每一瓣中間摺出摺痕。

3 以與相鄰花瓣重疊一半的方式相互貼合，保留最後一瓣不貼。

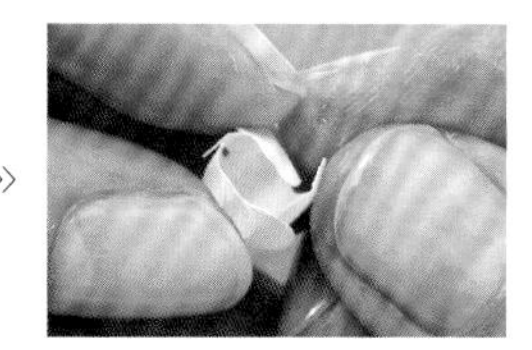

4 最後一瓣，以一半在外側、一半在內側的方式，與左右花瓣貼合。

5 完成中心花瓣。

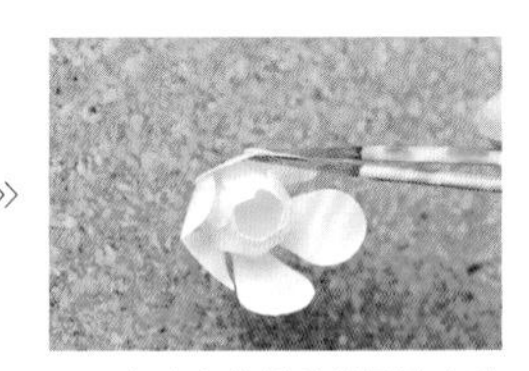

6 在中心花瓣的外側貼上第2層花瓣。作法同中心花瓣，左右花瓣要相互貼合，但重疊的分量要少於第1層。

7 完成第2層花瓣。

8 將第3至5層花瓣的各層都稍微錯開花瓣位置，在中心處上膠貼合。讓所有的花瓣都能清楚看見。

9 將步驟7貼在中間。

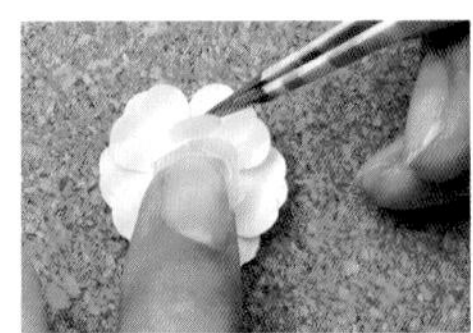

10 第3至5層花瓣視整體比例依序往上推出立體型，完成玫瑰花型。

頂部底座＆花的貼法

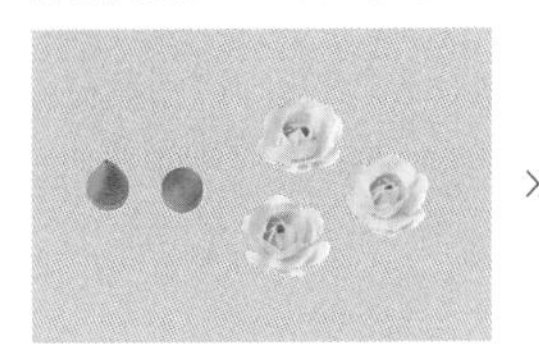

1 製作密圓捲、鈴鐺捲，與頂部的裝飾花3朵。

»

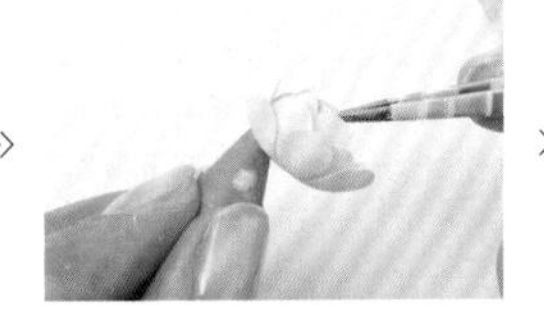

2 將密圓捲＆鈴鐺捲貼合，在鈴鐺捲的側面上膠黏貼花朵。

»

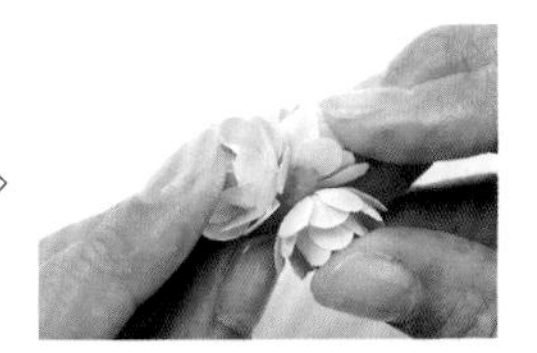

3 以包覆鈴鐺捲的方式貼上3朵花，再將其固定在塔頂。

底座裝飾花的貼法

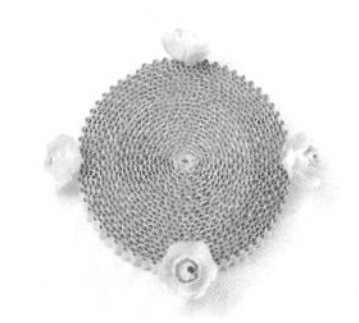

1 先取十字定點位置，貼上粉紅花朵。

»

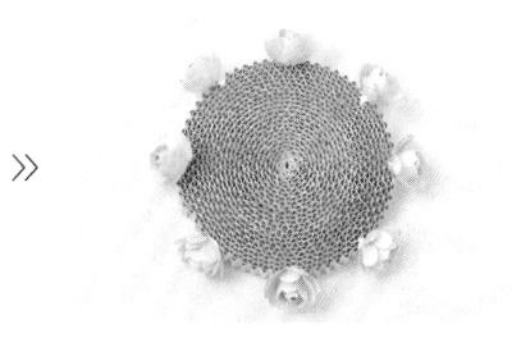

2 十字定點的中央，再貼4朵粉紅花朵。

»

3 在粉紅花朵之間，均勻穿插貼上奶油色花朵。

點綴上
與馬卡龍同樣粉彩色調的圓珠，
統一柔美可愛的氛圍，
並搭配白色花朵
增添華麗感。

CHRISTMAS

聖誕節

可愛的薑餅人似乎就要跳出盒子，
迫不急待地
想要一起慶祝聖誕節啦！

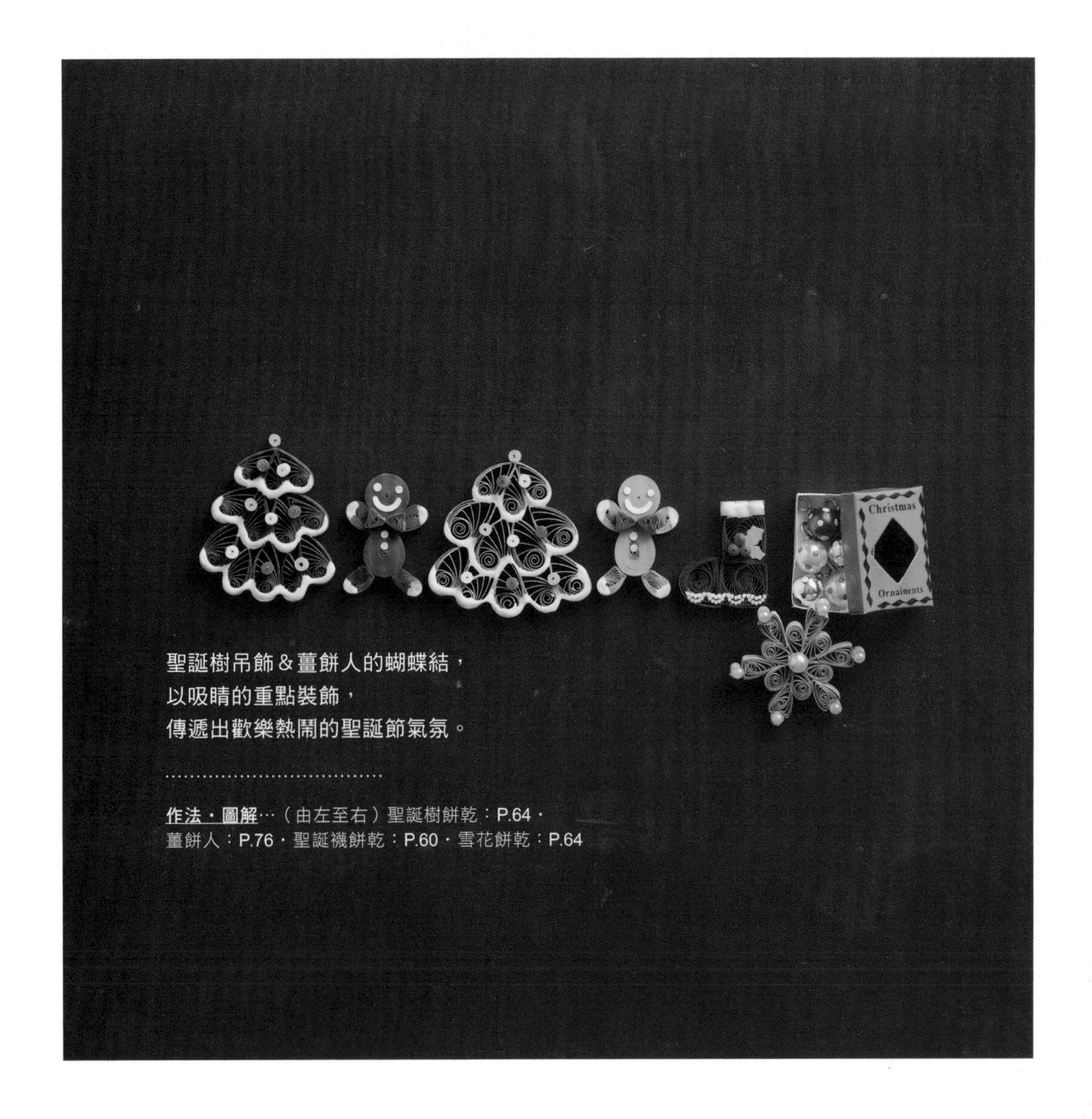

聖誕樹吊飾＆薑餅人的蝴蝶結，
以吸睛的重點裝飾，
傳遞出歡樂熱鬧的聖誕節氣氛。

作法・圖解…（由左至右）聖誕樹餅乾：P.64・
薑餅人：P.76・聖誕襪餅乾：P.60・雪花餅乾：P.64

上糖霜的方法

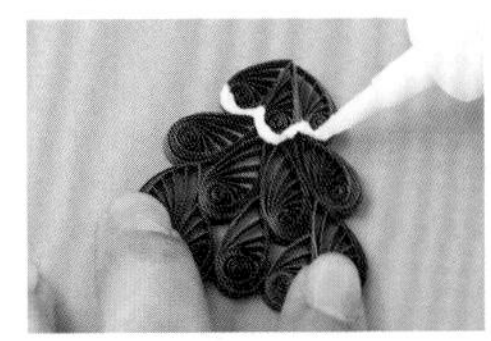

在想要裝飾糖霜的位置，以尖嘴瓶擠上顏料。

＊上色前先拿廢紙測試，調整如何擠出適當的顏料量。

Point

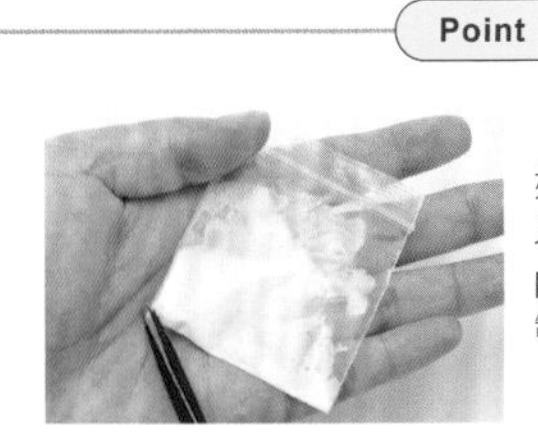

如果手邊沒有尖嘴瓶，可以將顏料裝入有厚度的pp袋，在底角剪一個小缺口作為替代。

雪花餅乾　圓珠的貼法

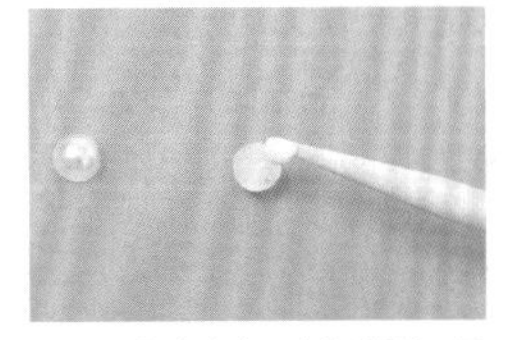

1 牙籤尖端沾取少許黏膠，輕點圓珠背面，黏起圓珠。

2 將步驟1移到密圓捲上方。

3 以鑷子按住圓珠、抽掉牙籤，即可貼合固定。

Point

以鑷子直接夾住圓珠上膠固定也OK。但缺點是以鑷子夾圓珠較容易滑落，或讓膠沾到其他部位。

AFTERNOON TEA

下午茶

端上盛滿可口小點心的雙層蛋糕架，
享用精緻下午茶套餐吧！
杯盤組也是捲紙作品。

食器類的作法・圖解…P.78・P.79
雙層蛋糕架的詳細作法…P.55

4種小蛋糕

以細窄紙條特製的
迷你小蛋糕。
如換成較寬較長的紙條，亦可作出大蛋糕喔！

作法・圖解…（由左至右）莓果：P.79・
香橙：P.78・摩卡&草莓：P.79

立體鮮奶油的作法

＊為了方便理解，示範圖中使用不同顏色的紙。

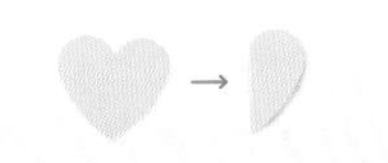

1 剪出3至4片心形紙片並對摺。

2 以鑷子等工具輔助對摺較輕鬆喔！

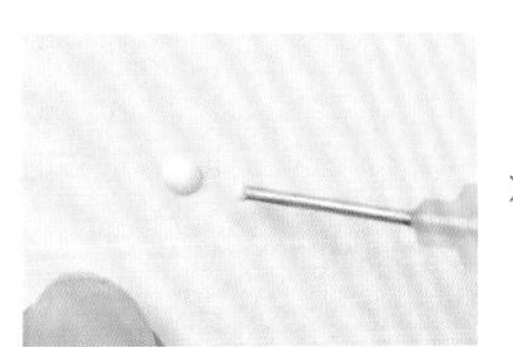

3 在透明塑膠板上擠出較多的黏膠。

4 在黏膠上立放1片心形紙片，旁邊再立放第2片。

5 依序將紙片排成圓形，待膠乾後從塑膠板上取下（製作立體鮮奶油：草莓蛋糕使用3片心形・檸檬蛋糕&摩卡小蛋糕等使用4片心形）。

三明治・司康・鹹派

以波浪紋路加工紙條製作三明治，
更添傳神的美味既視感。

作法・圖解…
三明治・鹹派：P.77・司康：P.78

擺盤小技巧

・蛋沙拉三明治

兩片蛋中間放上切片檸檬。依個人喜好，也可以把檸檬片剪半，夾在兩片蛋的中間。

・水果三明治

3種水果可如圖示方式，將橫切面朝上或朝側邊靈活擺放。

・鮭魚三明治

生菜的黏貼位置要超出麵包約1mm，再放上鮭魚。

三明治的麵包作法

1 將波浪紋路加工的紙條塗上約5cm的黏膠，然後摺疊貼合。

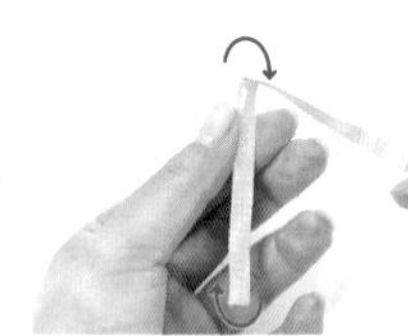

2 重複約5次的貼合，就會有6層紙的厚度。

3 剪去帶有弧度的摺邊（正常麵包側面不會出現這樣的形狀，所以要剪掉）。

4 剪下約1cm的大小。

鹹派的作法

1 製作鹹派的底座＆配料。

2 在底座中間塗上顏料。

3 放入配料後，稍微與顏料混合，但注意配料上不要全部沾滿顏料。

雙層蛋糕架的裝飾&組裝作法

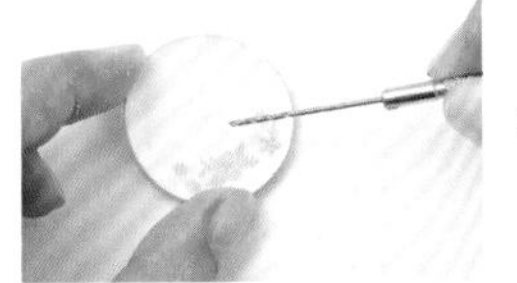

1 在盤中央以細針或錐子戳一個小孔，大約是可以穿過支柱的大小即可。

2 穿過支柱（為了固定上層的蛋糕盤，可視需要加裝固定部件，將固定部件穿過支柱後，黏貼固定於盤底）。

3 為了讓底座更穩定，在底部加貼金屬配件（可自行判斷是否需要，如果已經很穩定，不貼也無所謂）。

紙條的黏接方法

接紙之前

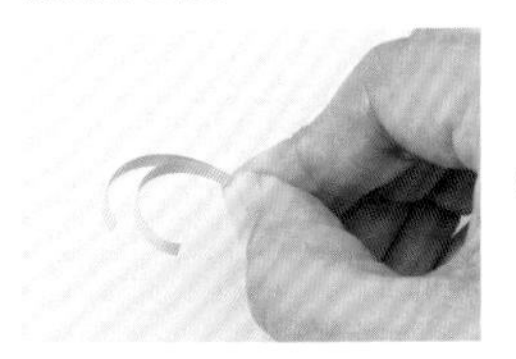

共有3種接紙的方法可供參考。但不論採何種方法，都要注意接紙時紙的正反面必需一致。可事先將所有紙條邊端以筆作出彎度，以便清楚分辨。

正反面不一致，作品會出現色差。

・黏貼

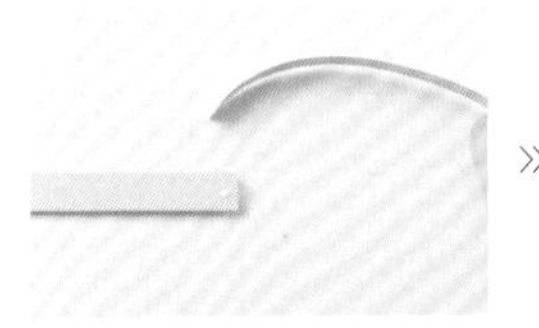

1 在一段紙條的邊端擠上少量的膠，確認正反面相同後貼合。

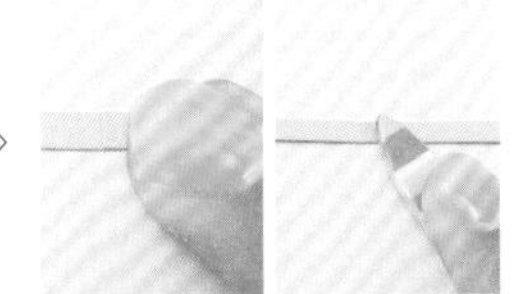

2 以手指或平板工具輕壓固定。

・手撕（連接厚度最不明顯的作法）

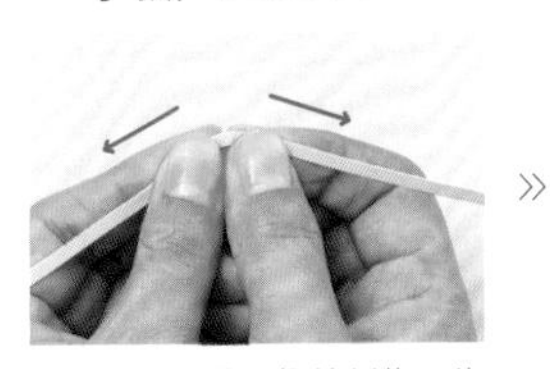

1 兩手如圖示握持紙條，往箭頭方向左右撕開。這樣的撕法可讓斷面不扭曲，平整漂亮。

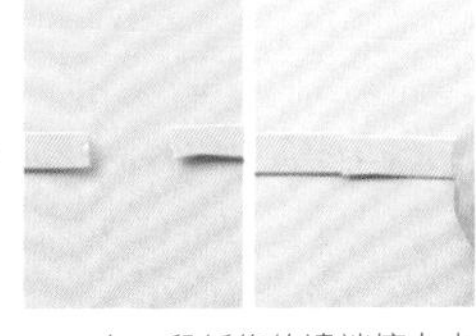

2 在一段紙條的邊端擠上少量的膠，確認正反面相同後，貼合毛邊處。

・夾捲（限密圓捲）

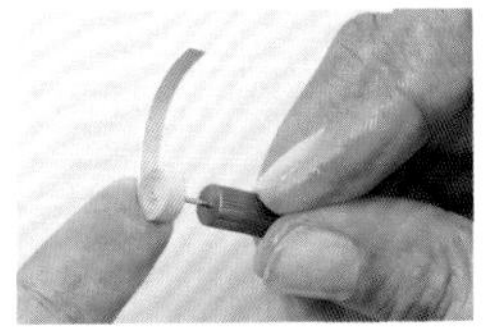

1 製作密圓捲。

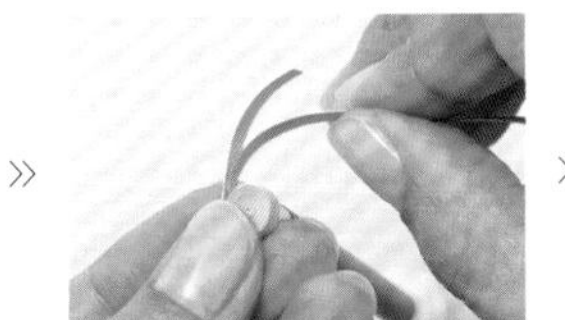

2 剩餘大約一圈的長度時，夾入新的紙條一起捲（不用上膠）。但需注意，重疊段如果小於一圈長度，可能會有脫落的情況。

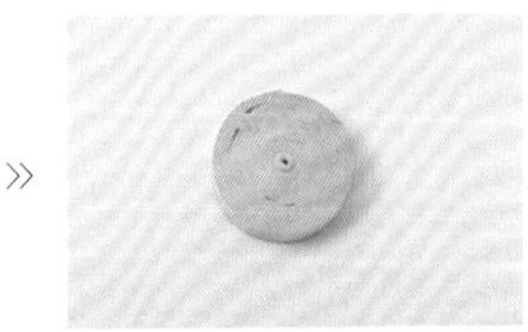

3 捲至最後塗膠固定，完成！利用此作法技巧，即可省去預先黏接紙條的步驟。

Point

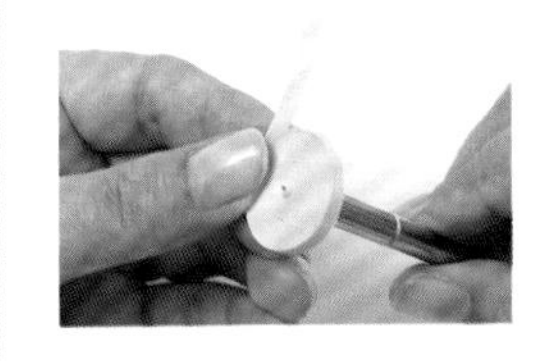

部件愈捲愈大時，一手握住側面地進行捲紙，可維持表面的平整。

橙皮巧克力（P.10・P.11）作法

1 將波浪紋路加工的橘色紙條端摺約2cm並上膠，稍微彎出弧度並摺疊貼合。

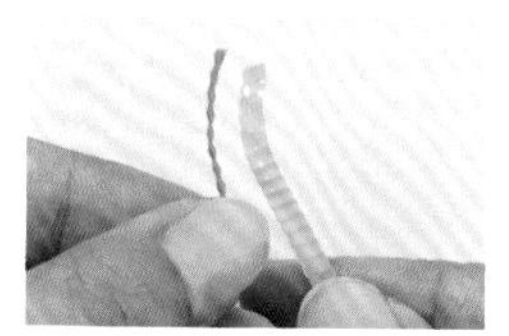

2 重複摺疊3次後剪下，再貼上波浪紋路加工的黃色紙。

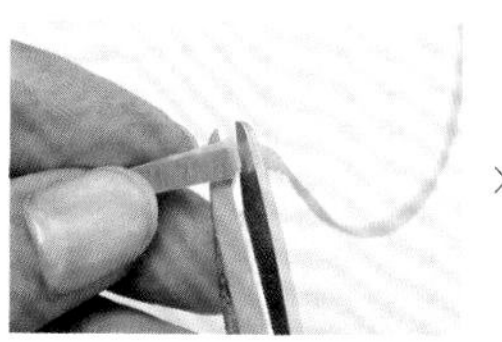

3 黃色紙也同樣摺疊＆貼合4次後剪下。

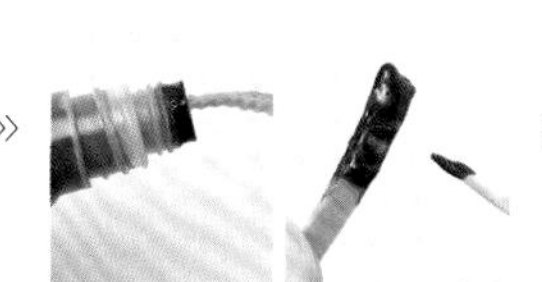

4 為了呈現沾上巧克力醬的質感，在一端1/3處沾上顏料，再以牙籤推勻。

5 等顏料乾後，貼上仿真糖粉作出砂糖顆粒的效果。

迷你糖果（P.38）作法

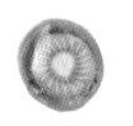

＊水果糖

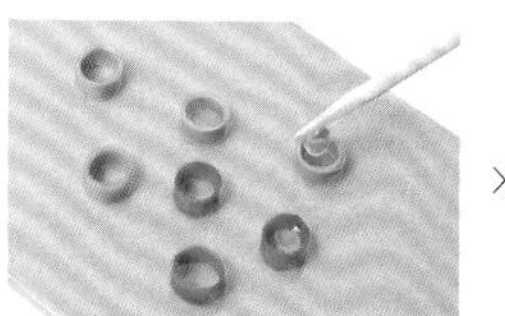

1 製作糖果主體的空心密圓捲後，平放在塑膠板上，在空心處填入約一半的UV膠。UV膠可以先滴在其他紙上，再以牙籤尖端沾取少量填入。

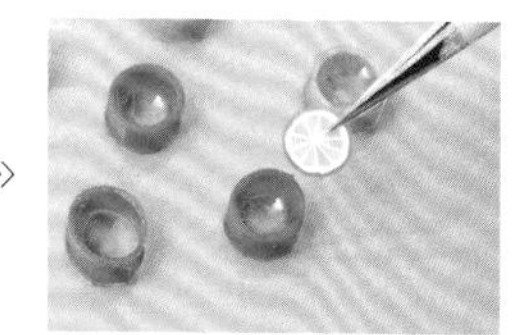

2 放入切片水果後，再填滿UV膠等待硬化。硬化後表面若有點凹陷，可以再次滴膠硬化。

＊汽水糖

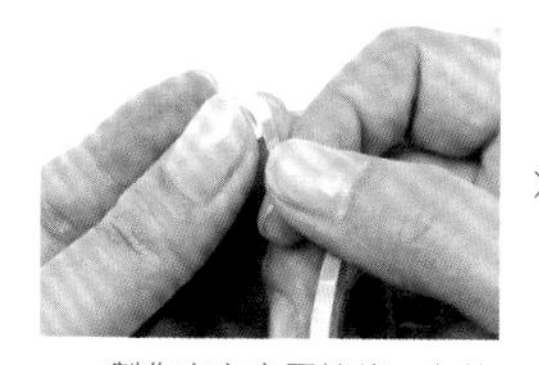

1 製作空心密圓捲後，在外圈貼上自己喜愛的紙膠帶。

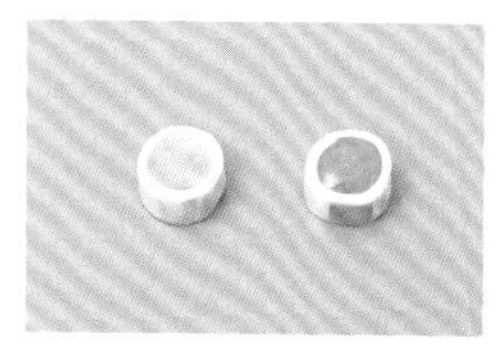

2 中空處填入彩色UV膠＆硬化後，剪下裝飾片G（P.58星形）貼在表面。

半圓形鮮奶油作法

＊為了清楚理解，示範圖中使用不同顏色的紙。

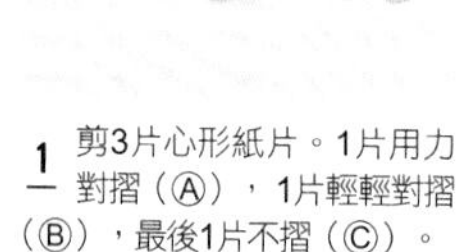

1 剪3片心形紙片。1片用力對摺（Ⓐ），1片輕輕對摺（Ⓑ），最後1片不摺（Ⓒ）。

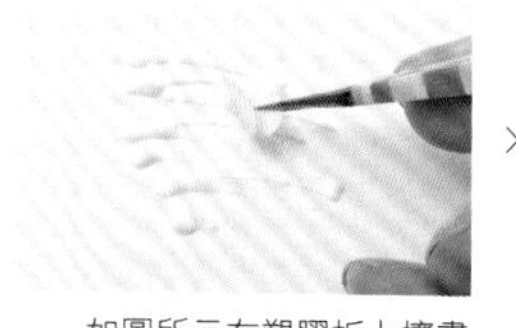

2 如圖所示在塑膠板上擠畫一層薄膠，以紙片摺邊去沾取黏膠。

3 在Ⓒ上方黏貼Ⓑ，Ⓑ上方再黏貼Ⓐ。

＊鮮奶油蛋糕＆方形蛋糕的鮮奶油僅使用ⒷⒸ貼合製作。

蘋果派（P.36）的網紋作法

1 在紙上畫上間距5mm的縱橫線，放上紙條，兩端以珠針固定。

2 貼上縱向紙條。

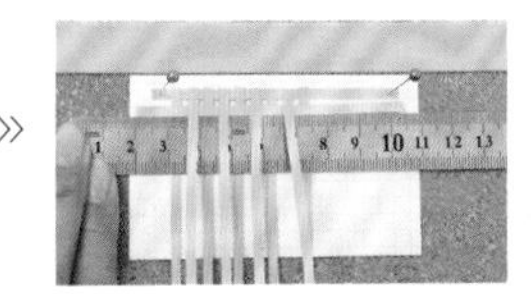

3 將每間隔一條的紙條挑起，在間距5mm處再橫向插入紙條。

4 縱橫向交界處上膠固定。

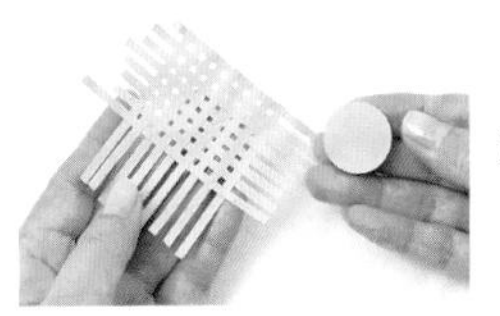

5 重複穿插編織網狀，直到可以覆蓋蘋果派的大小。

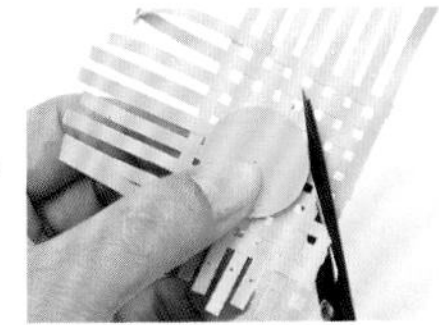

6 在派的表面上膠，貼上網紋＆剪掉多餘的部分。

圓形模版參照圖

製作作品時，可參照使用。

等分圖

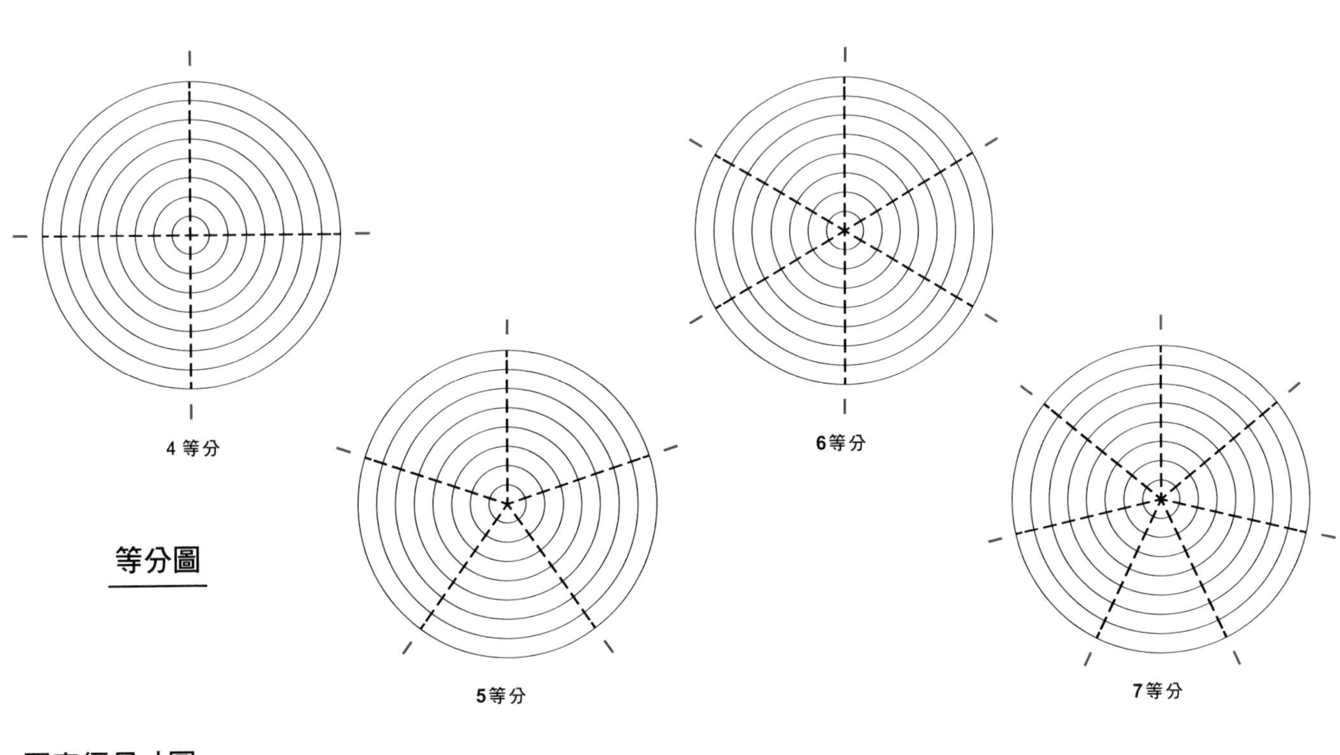

圓直徑尺寸圖

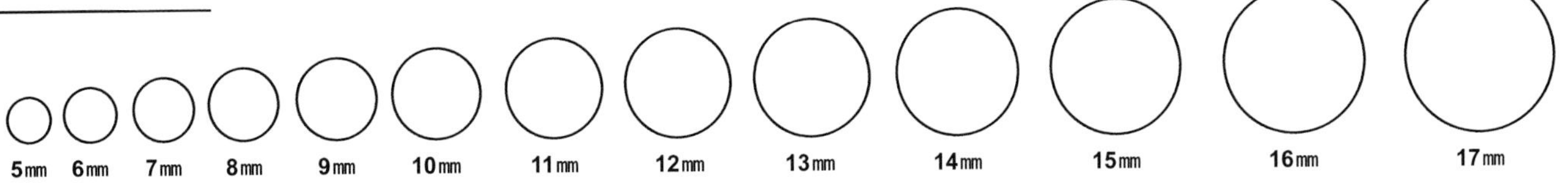

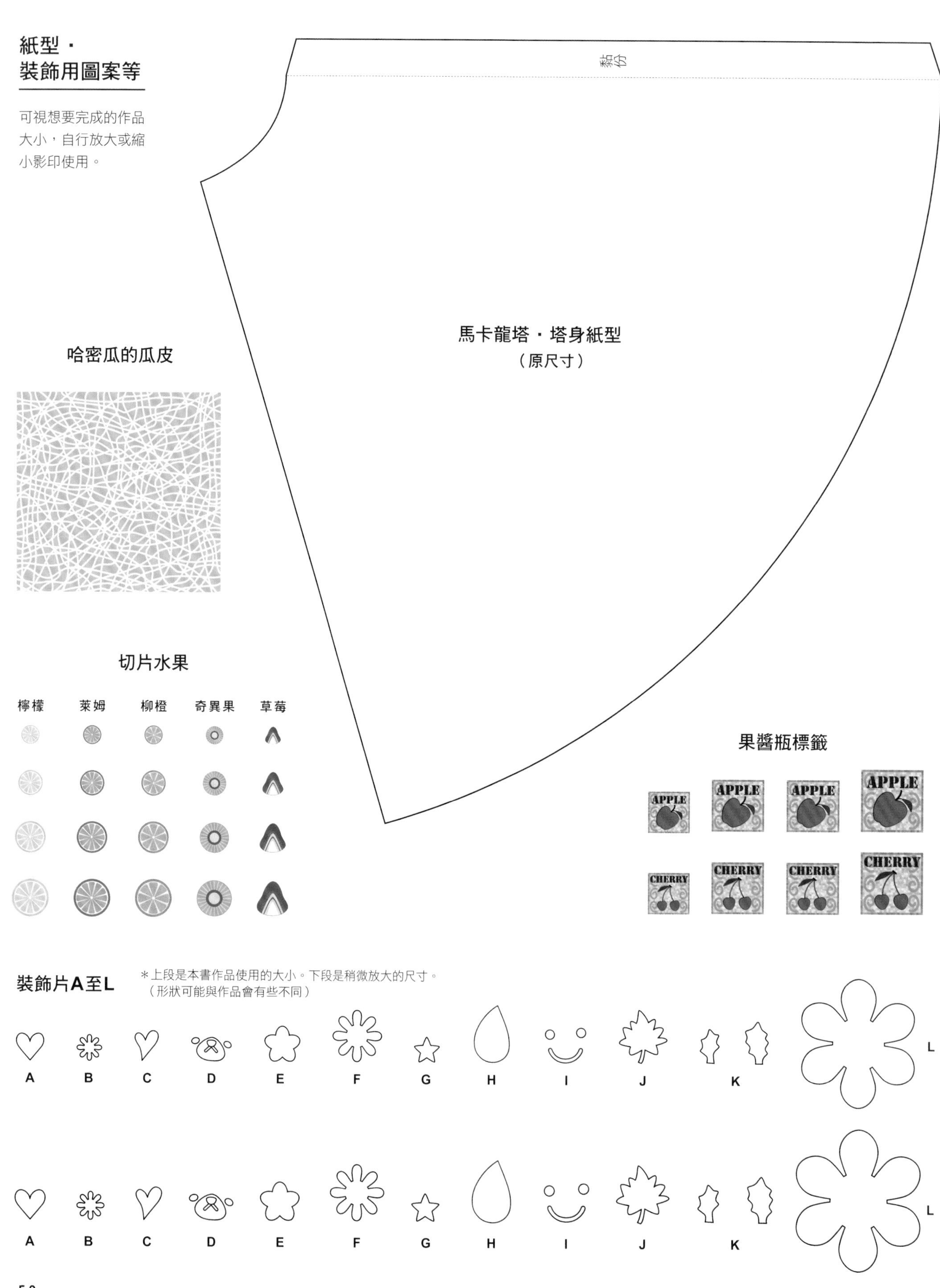
紙型・
裝飾用圖案等
可視想要完成的作品大小，自行放大或縮小影印使用。
黏份
馬卡龍塔・塔身紙型
（原尺寸）
哈密瓜的瓜皮
切片水果
檸檬
萊姆
柳橙
奇異果
草莓
果醬瓶標籤
APPLE
CHERRY
裝飾片A至L
＊上段是本書作品使用的大小。下段是稍微放大的尺寸。
（形狀可能與作品會有些不同）
A
B
C
D
E
F
G
H
I
J
K
L

關於作法頁

※「材料・捲法」的項目中，記載各個部件用紙的寬度、顏色、長度、捲法。使用2個以上的相同部件時，會另外標示所需數量。

例：1cm寬的米白色30cm，密圓捲，2個
使用的紙　長度　捲法　部件數量

※各部件詳細作法參見P.22至P.31。
※使用裝飾片A等配料的作品，可轉描P.58裝飾片圖案製作。如果家中有相同形狀的造型打洞機，也可直接使用。
※使用切片草莓等配料的作品，請自行影印P.58圖案使用。
※部件如需等分切割時，可利用P.57等分圖。
※作品的實物尺寸可見P.2至P.5，但僅供參考。因為即使是製作密圓捲，就算使用長度相同的紙條，也可能因捲紙筆大小不同，造成完成尺寸的落差。
※ϕ為直徑的標示記號。

方形巧克力 ››› 作品 P.10・11

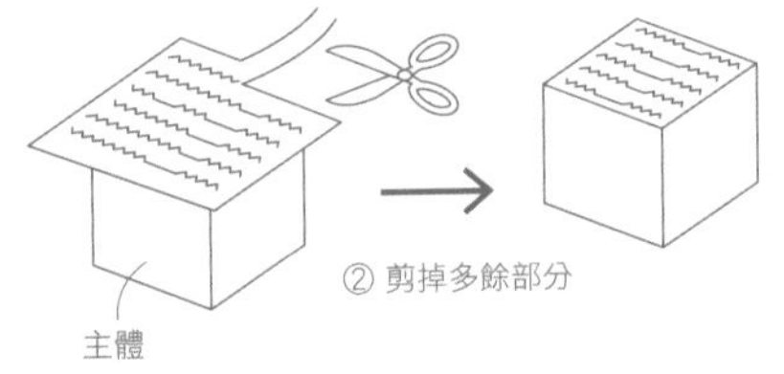

材料・捲法
主體：1cm寬的深咖啡色40cm，
製作ϕ13mm疏圓捲後變化成方形捲
上面貼上印有英文字的紙或包裝紙等

裝飾＆組裝作法
在主體上方黏貼裝飾紙或包裝紙等，剪掉多餘的部分。

抹茶巧克力 ››› 作品 P.10・11

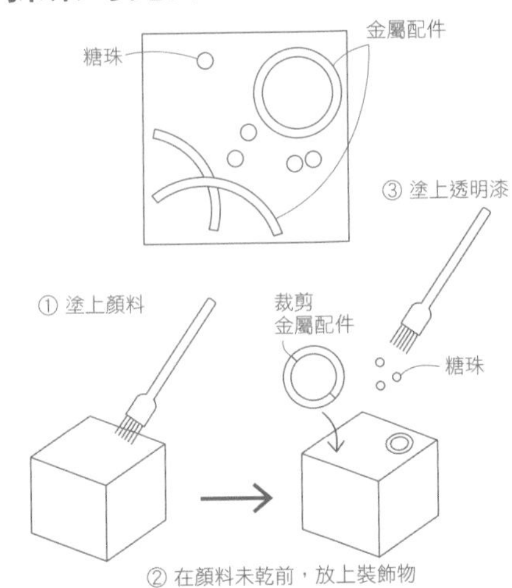

材料・捲法
主體：1cm寬的抹茶色30cm，
製作ϕ13mm疏圓捲後變化成方形捲
壓克力顏料（白色）
自己喜歡的金屬配件（美甲用裝飾等）
糖珠（金色）
外層保護劑（透明亮光漆等）

裝飾＆組裝作法
將主體上方塗上顏料呈現糖霜感，顏料未乾時放上金屬配件＆糖珠。待顏料乾後，再上一層亮光漆。
※金屬配件可以尖嘴鉗等剪斷，增加變化。

黑巧克力 ››› 作品 P.10・11

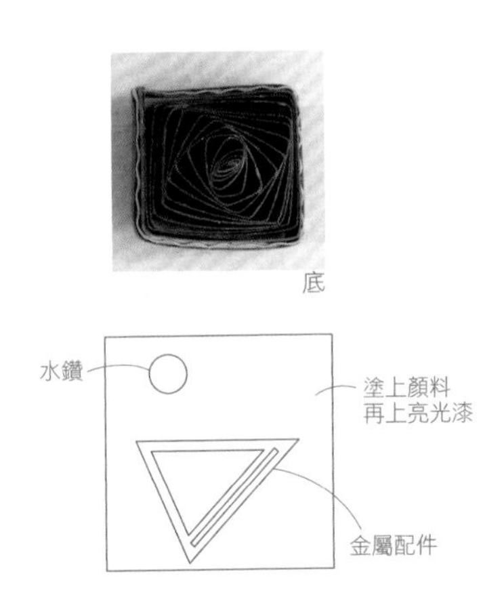

材料・捲法
主體：1cm寬的紅棕色30cm，
製作ϕ13mm疏圓捲後變化成方形捲
壓克力顏料（焦棕色）
自己喜歡的金屬配件（美甲用裝飾等）
水鑽（黃色）
外層保護劑（透明亮光漆等）

裝飾＆組裝作法
將主體上方塗上顏料呈現糖霜感，顏料未乾時放上金屬配件＆水鑽。待顏料乾後，再上一層亮光漆。
※金屬配件可以尖嘴鉗等剪斷增加變化。

馬卡龍塔裝飾用玫瑰 ››› 作品 P.46・48

① 準備花瓣（5片）

② 在軟木塞墊上加工出立體弧度

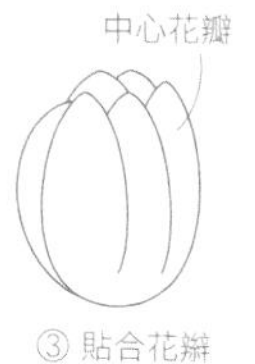

③ 貼合花辮

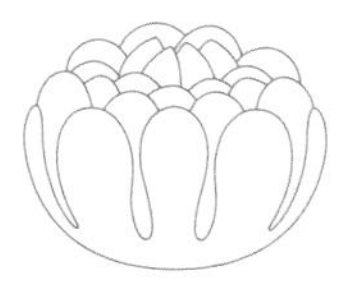

④ 第2層的花瓣要稍微錯開

⑤ 先疊貼外側三層花瓣，再包住④後調整造型

材料・捲法

花瓣：以粉紅色・奶油色的紙張剪裝飾片L（P.58），每朵需要5片。底座裝飾花：各色8朵，頂部裝飾花：粉紅色3朵。

圓珠筆

軟木塞墊

裝飾＆組裝作法

在軟木塞墊上以圓珠筆將花瓣加工塑型。依中心花瓣的包圍式作法，貼合第1、2層花瓣，再黏貼於交錯重疊的第3至5層花瓣上方。

※詳細作法參見P.48

馬卡龍塔裝飾用7瓣花

››› 作品 P.46・49

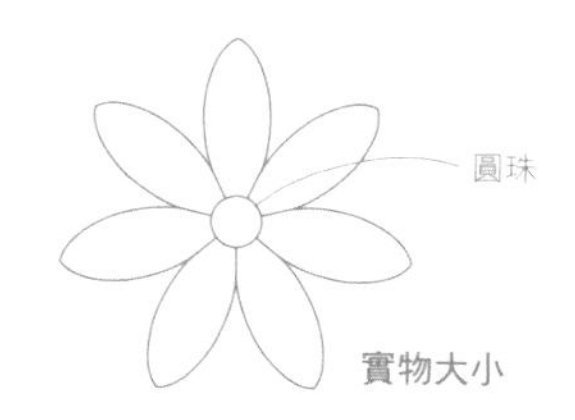

材料・捲法

花瓣：2mm寬的白色10cm，製作ϕ7.5mm疏圓捲後變化成鑽石捲，每朵需要7瓣，共作5朵

中心：ϕ3mm圓珠（珍珠白色或自己喜好的顏色）

裝飾＆組裝作法

將7片花瓣排列貼合在ϕ22mm大小的圓圈中，中間貼上圓珠。

馬卡龍塔裝飾用4瓣花

››› 作品 P.46・49

材料・捲法

花瓣：2mm寬的白色20cm，檸檬捲，每朵需要4瓣，共作5朵

裝飾＆組裝作法

以凸起面為表面，貼合4個部件。

※若以凹面為表面，與塔座組合時，不易固定容易脫落。

聖誕襪餅乾 ››› 作品 P.50・51

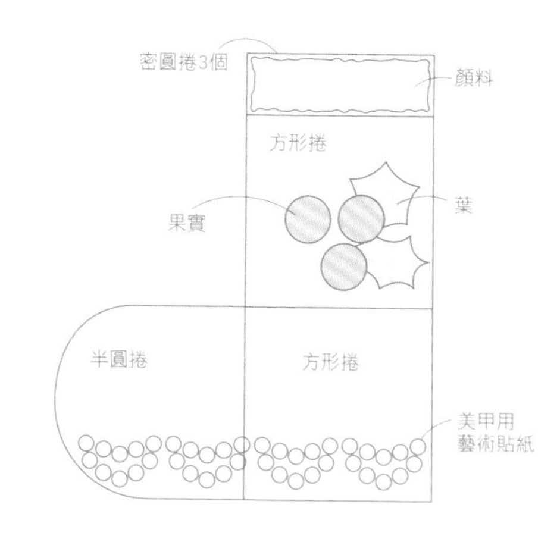

背面

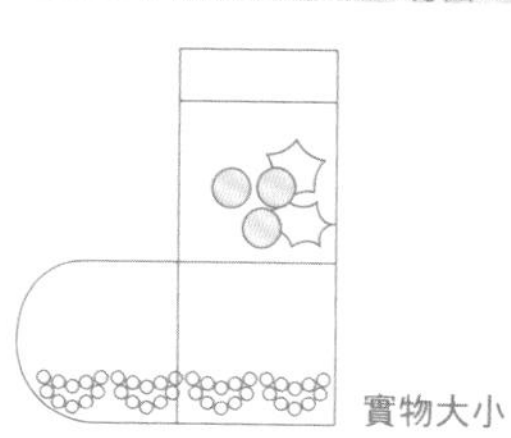

實物大小

材料・捲法

襪身：3mm寬的紅色30cm，製作ϕ12mm疏圓捲後變化成方形捲，2個
3mm寬的紅色30cm，製作ϕ12mm疏圓捲後變化成高半圓捲

上部：3mm寬的小麥色7cm，密圓捲，3個

果實：2mm寬的深粉紅色5cm，低葡萄捲，3個

葉：以黃綠色紙張剪裝飾片K（P.58），2片

顏料（白色）

裝飾＆組裝作法

如圖將聖誕襪的2個方形捲＆1個半圓捲貼合，上方再貼上密圓捲，並貼上葉子＆果實。上方的密圓捲塗上顏料，襪子下方以美甲用藝術貼紙裝飾，或以牙籤沾顏料描繪圖案。

抹茶（草莓）法蘭奇 ››› 作品 P.33

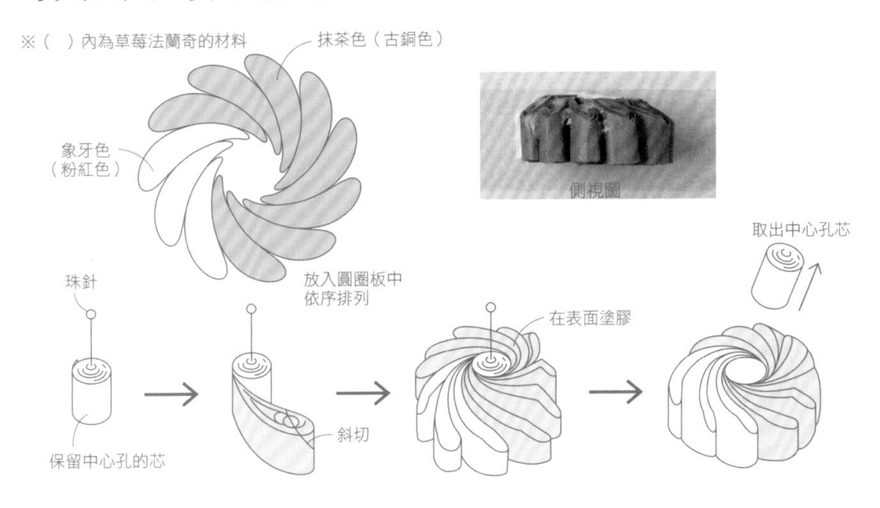

材料・捲法

◇抹茶法蘭奇

中心孔芯（組裝好後拆下）：5mm寬的任意色8cm，密圓捲

白色部分：5mm寬的象牙色6cm，波浪淚滴捲，3個

抹茶部分：5mm寬的抹茶色6cm，波浪淚滴捲，8個

◇草莓法蘭奇

中心孔芯（組裝好後拆下）：5mm寬的任意色8cm，密圓捲

粉紅色部分：5mm寬的淺粉紅（半透明粉紅）色6cm，波浪淚滴捲，3個

古銅色部分：5mm寬的古銅色6cm，波浪淚滴捲，8個

手工藝專用膠

裝飾＆組裝作法

波浪淚滴捲的圓弧邊朝外，在側面剪斜口。將各部件自尖端微彎成勾玉狀，沿著中心孔芯排列貼合成φ15mm圓形。上方塗一層膠表現糖霜質感，等膠乾燥固定後，確認形狀不會散開，再輕輕地將中心孔芯抽離。

※詳細作法參見P.33。

奶油巧貝 ››› 作品 P.33

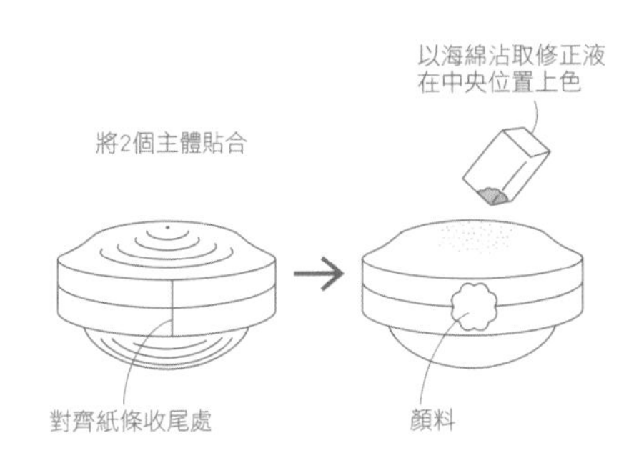

材料・捲法

主體：2mm寬的小麥色120cm，低葡萄捲，2個（直徑相同）

修正液或印台（米白色）

海綿

壓克力顏料（白色）

裝飾＆組裝作法

對齊2個主體的紙條尾端，黏合在一起。在塑膠板上擠少許修正液，以海綿沾取＆在部件表面上色，接合處則塗上顏料表現出奶油餡。

※2個主體的貼合方法參見P.37「蘋果作法」步驟3。

蘋果派 ››› 作品 P.36

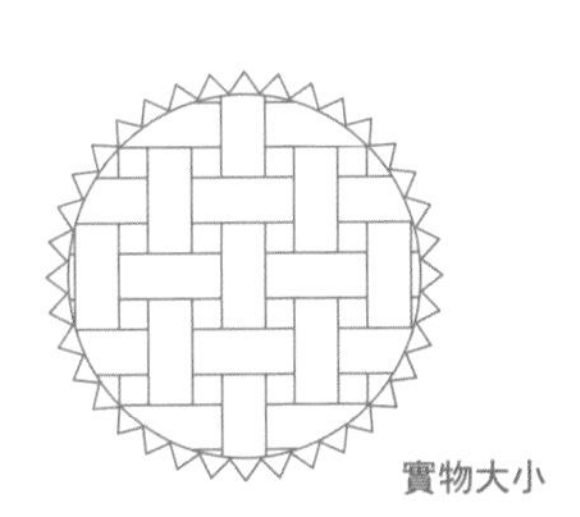

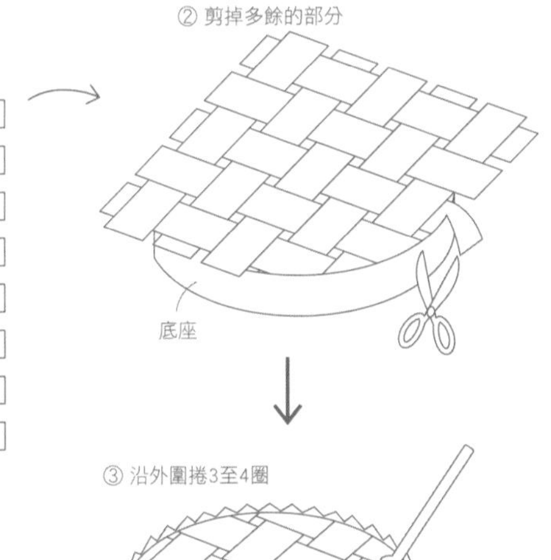

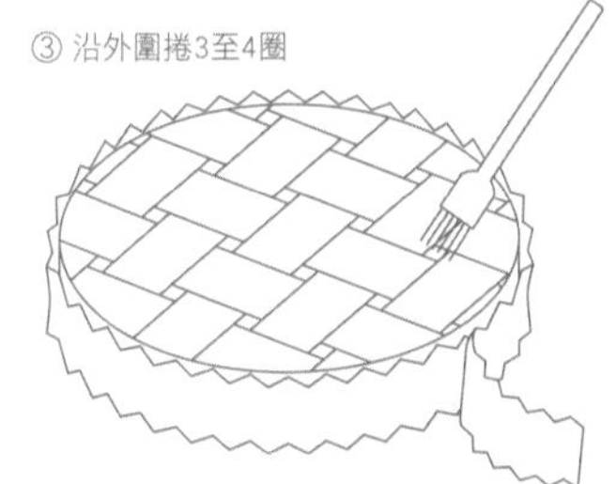

材料・捲法

派底座：3mm寬的亮黃色300cm，密圓捲

外圈：3mm寬的小麥色40cm，波浪紋路加工

網狀派皮：3mm寬小麥色5cm，10條

5mm格紋的方眼紙

壓克力顏料（小麥色）

裝飾＆組裝作法

編好網狀派皮，貼在派的底座上方後，將多餘的部分剪掉。以紙條繞底座外圍3至4圈後，剪掉多餘的部分。在派皮表面隨意塗上顏料，作出烘焙後的焦色效果。

※網狀派皮的詳細作法參見P.57。

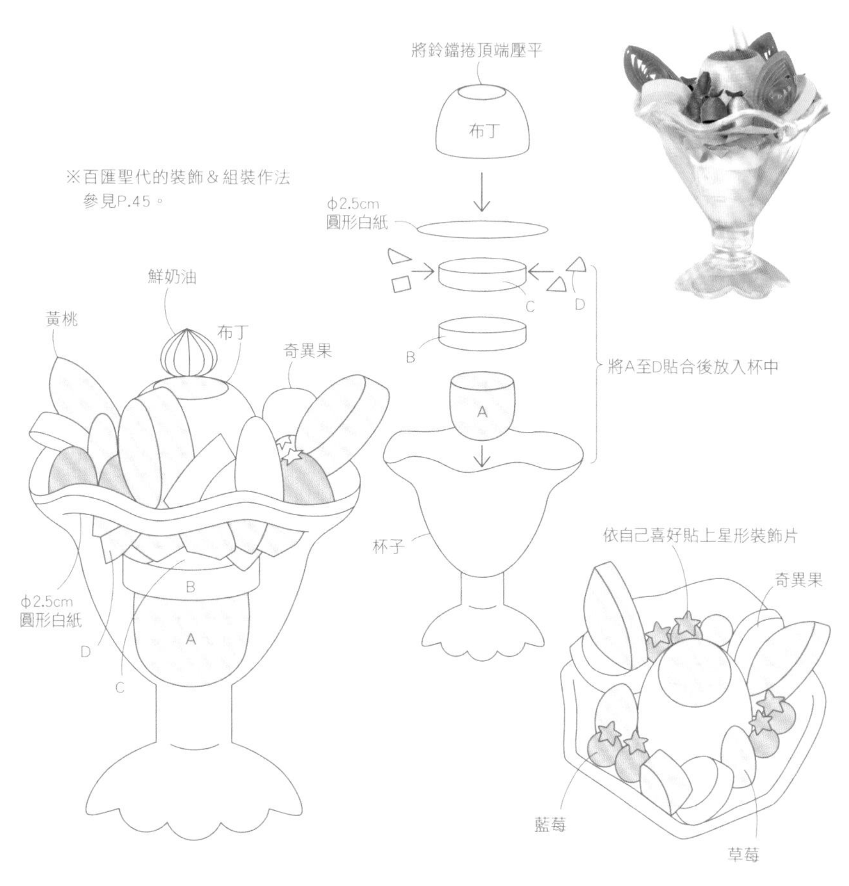

水果布丁百匯聖代 ››› 作品 P.42・43

材料・捲法

A（底）：3mm寬的淺黃色60cm，葡萄捲
B（中）：3mm寬的白色120cm，密圓捲
C（上）：3mm寬的小麥色120cm，密圓捲
D：3mm寬的小麥色30cm，製作彈簧捲後剪成約5至7mm
布丁：3mm寬的紅褐色40cm接上淺橘色90cm，製作鈴鐺捲後把頂端壓平（從紅褐色開始捲）
黃桃：3mm寬的半透明橘色15cm，製作φ10mm疏圓捲後變化成月牙捲，3個
草莓：2mm寬的紅色15cm，錐形捲，3個
奇異果：2mm寬的米白色10cm接上黃綠色30cm，製作密圓捲後稍微壓成橢圓（從米白色開始捲），3個
藍莓（2色）：2mm寬的藍色、淺藍色各12cm，高葡萄捲，藍色、淺藍色各3個
頂端的鮮奶油：以白紙剪裝飾片A（P.58），4片
以白紙剪φ2.5cm圓形
藍莓上的星形（依自己喜好）：以藍色紙剪裝飾片G（P.58），6片
甜點模型用杯子（直徑約3cm×高3.5cm）

裝飾＆組裝作法

由下往上依序貼合A＋B＋C，在C周圍貼上D後放入杯中，上方覆蓋貼上φ2.5cm圓形白紙。布丁貼在中間，周圍貼上藍莓等配料。布丁上方黏貼鮮奶油，再依自己喜好貼上星形裝飾紙。

※請視杯子高度調整比例，如有需要可以在C上面鋪滿D。
※鮮奶油的作法參見P.53
※紙條的接法參見P.55

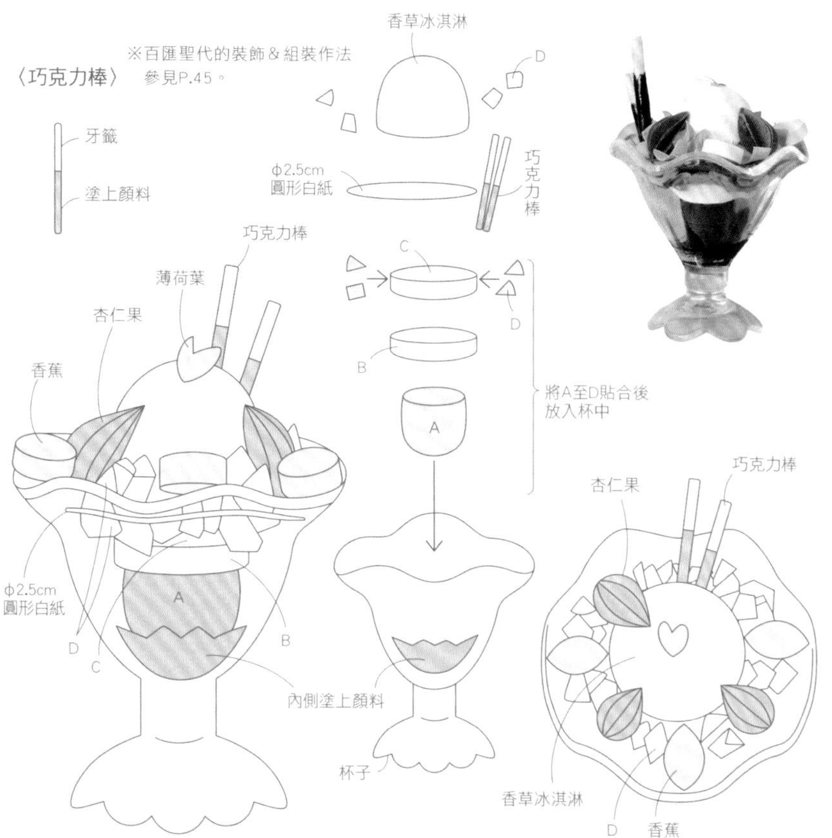

巧克力百匯聖代 ››› 作品 P.42・43

材料・捲法

A（底）：3mm寬的深褐色60cm，葡萄捲
B（中）：3mm寬的白色120cm，密圓捲
C（上）：3mm寬的小麥色120cm，密圓捲
D：3mm寬的小麥色50cm，製作彈簧捲後剪成約5至7mm
香蕉：2mm寬的淺黃色30cm，製作密圓捲後稍微壓成橢圓，3個
巧克力棒：將牙籤剪至約2cm長，塗上顏料，2支
杏仁果：以深褐色紙張剪裝飾片H（P.58），9片
香草冰淇淋：3mm寬的米白色120cm，高葡萄捲
以白紙剪φ2.5cm圓形
薄荷葉（依自己喜好）：以黃綠色紙張剪裝飾片C（P.58）
壓克力顏料（焦棕色）
甜點模型用杯子（直徑約3cm×高3.5cm）

裝飾＆組裝作法

製作杏仁果，每個需各以3片對摺貼合（作法同P.56半圓形鮮奶油）。杯子底部先塗上顏料，由下往上依序貼合A＋B＋C，C的周圍貼上D。將2支牙籤作的巧克力棒插入固定後，表面覆蓋貼上φ2.5cm圓形白紙。將冰淇淋貼在中間，周圍貼上香蕉、D、杏仁果等。再依自己喜好在冰淇淋上黏貼薄荷葉紙。

※請視杯子高度調整比例，如有需要可以在C上方鋪滿D。
※紙條的接法參見P.55。

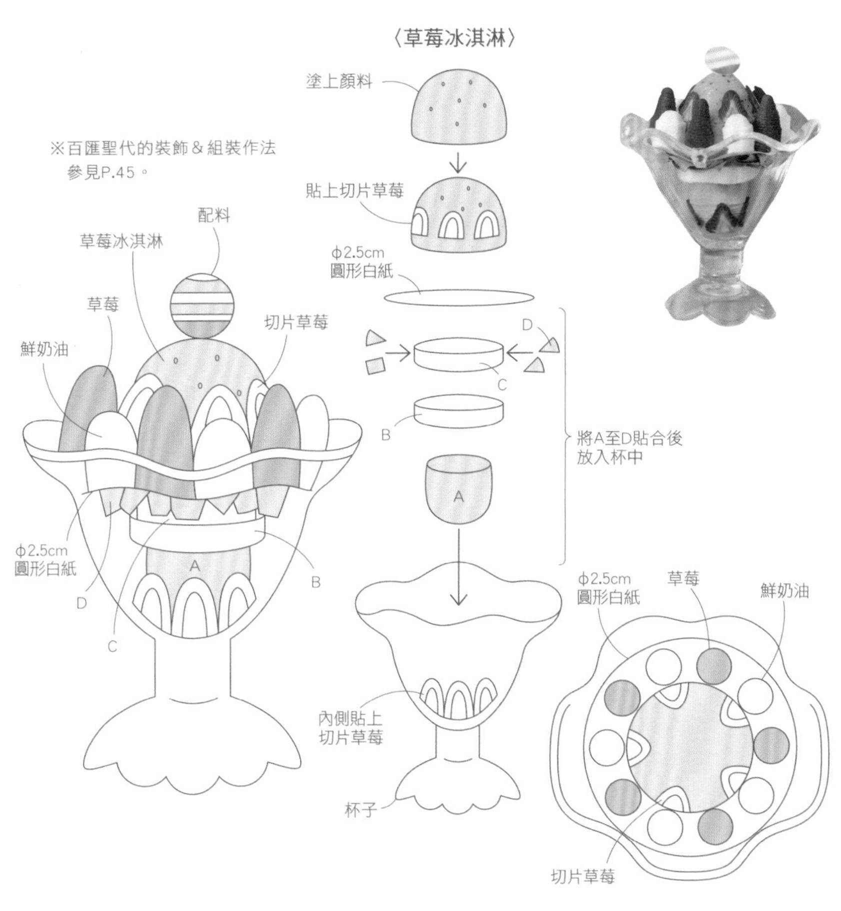

草莓百匯聖代 ››› 作品 P.42・44

材料・捲法

A（底）：3mm寬的粉紅色60cm，葡萄捲
B（中）：3mm寬的白色120cm，密圓捲
C（上）：3mm寬的小麥色120cm，密圓捲
D：3mm寬的小麥色30cm，製作螺旋捲後剪成約5至7mm
草莓冰淇淋：3mm寬的粉紅色120cm，高葡萄捲
草莓：3mm寬的紅色15cm，鈴鐺捲，5個
鮮奶油：3mm寬的白色15cm，高葡萄捲，5個
以白紙剪φ2.5cm圓形
裝飾用彩繪膠或壓克力顏料（粉紅色）
切片草莓（P.58）：10片
配料（依自己喜好）：以喜歡的圖案紙剪φ6至7mm圓形
（或以打孔器壓出圓形）
甜點模型用杯子（直徑約3cm×高3.5cm）

裝飾＆組裝作法

在杯子底部以4至5片切片草莓貼一圈。由下往上依序貼合A＋B＋C，C的周圍貼上D，上方覆蓋貼上φ2.5cm圓形白紙。草莓冰淇淋塗上裝飾用彩繪膠或壓克力顏料，呈現逼真的草莓果粒感。在冰淇淋周圍貼上切片草莓後，貼在中央，再在外圍黏上草莓和鮮奶油。最後依自己喜好在冰淇淋上黏貼裝飾配料。

※請視杯子高度調整比例，如有需要可以在C上面鋪滿D。
※紙條的接法參見P.55

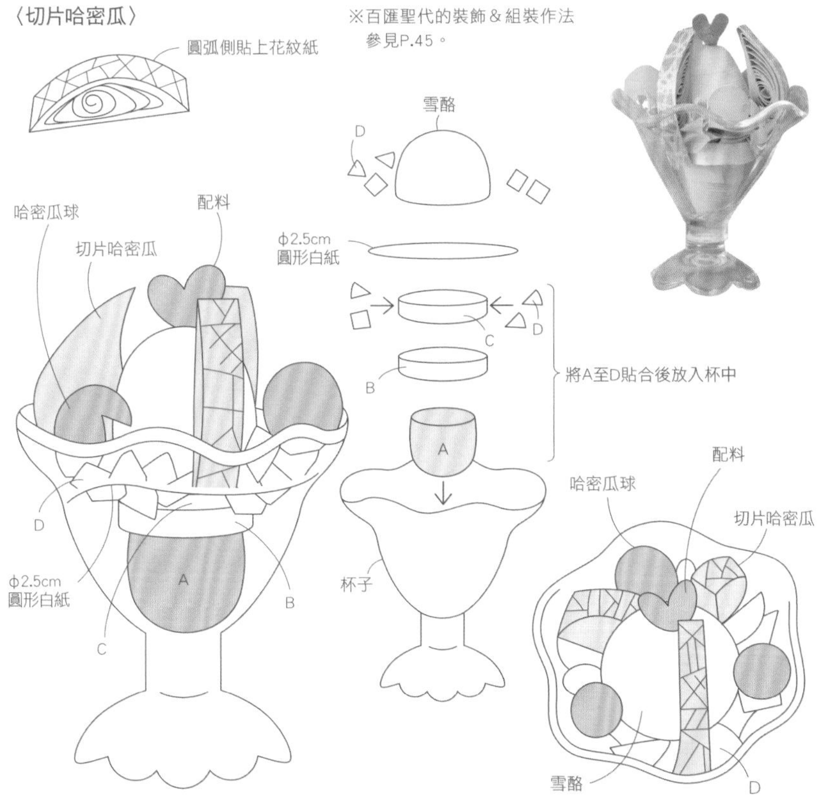

哈密瓜百匯聖代 ››› 作品 P.42・44

材料・捲法

A（底）：3mm寬的黃綠色60cm，葡萄捲
B（中）：3mm寬的白色120cm，密圓捲
C（上）： 3mm寬的粉綠色120cm，密圓捲
D：3mm寬的粉綠色30cm，製作螺旋捲後剪成約5至7mm
雪酪（中央）：3mm寬的粉綠色120cm，高葡萄捲
切片哈密瓜：3mm寬的黃綠色30cm，製作φ15mm疏圓捲後變化成月牙捲，3個（貼上哈密瓜皮P.58））
哈密瓜球：3mm寬的黃綠色30cm，高葡萄捲，3個
以白紙剪φ2.5cm圓形
配料（依自己喜好）：以金色紙剪裝飾片C（P.58）
甜點模型用杯子（直徑約3cm×高3.5cm）

裝飾＆組裝作法

由下往上依序貼合A+B+C，C的周圍貼上D，上方覆蓋貼上φ2.5cm圓形白紙。將雪酪貼在中央，周圍貼上切片哈密瓜等，再依喜好在雪酪上黏貼以金色紙剪出的裝飾片C。

※請視杯子高度調整比例，如有需要可以在C上面鋪滿D。
※哈密瓜皮的貼法參見P.45。
※紙條的接法參見P.55。

聖誕樹餅乾（古銅色・小麥色・紅褐色）

››› 作品 P.50・51

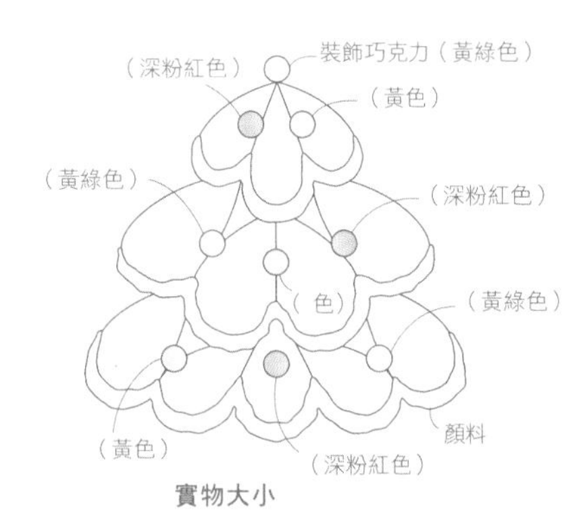

實物大小

材料・捲法 ※三色作法皆相同。

※主體用紙寬度＆顏色：3mm寬，顏色分別為古銅色、小麥色、紅褐色

上段：15cm，製作ϕ9mm疏圓捲後變化成淚滴捲，3個

中段：20cm，製作ϕ11mm疏圓捲後變化成淚滴捲，4個

下段（兩側及中央）：20cm，製作ϕ10mm疏圓捲後變化成淚滴捲，3個

下段（其他）：15cm，製作ϕ9mm疏圓捲後變化成淚滴捲，2個

裝飾巧克力：2mm寬的黃色、深粉紅色、黃綠色各5cm，密圓捲，各3個

壓克力顏料（白色）

裝飾＆組裝作法

排成聖誕樹形狀，依上段、中段、下段順序貼合。各段的交界處塗上顏料（糖霜・參見P.51），最後貼上裝飾巧克力。

雪花餅乾 ››› 作品 P.50・51

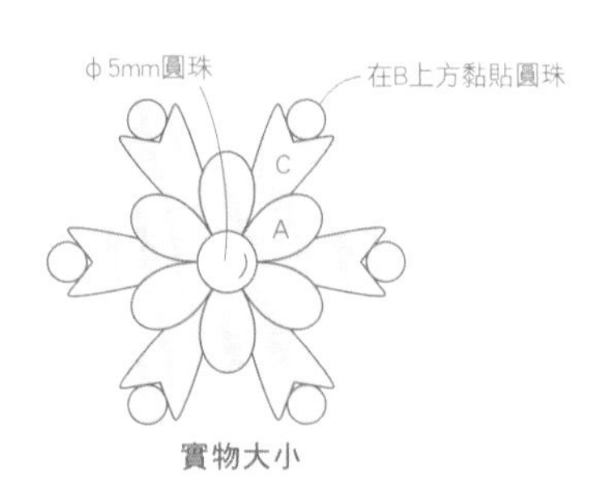

實物大小

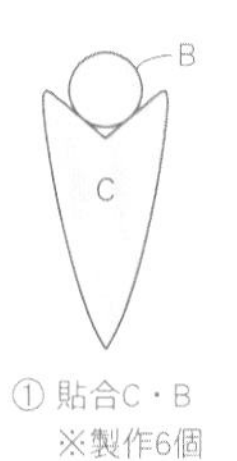

① 貼合C・B
※製作6個

② 貼合6個A

③ 將C插入A之間貼合

④ 中間貼上圓珠

材料・捲法

※主體皆使用3mm寬的小麥色紙條

主體A：10cm，製作ϕ7mm疏圓捲後變化成淚滴捲，6個

主體B：15cm，密圓捲，6個

主體C：10cm，製作ϕ7.5mm疏圓捲後變化成箭形捲，6個

ϕ5mm圓珠，1個

ϕ3mm圓珠，6個

裝飾＆組裝作法

在C箭形捲的凹陷處黏貼B密圓捲。將6個A淚滴捲圍貼成ϕ18mm圓形，再將貼上B的C插入A之間貼合固定。中央貼上ϕ5mm圓珠，密圓捲上方黏貼ϕ3mm圓珠。

※圓珠的貼法參見P.51。

蒙布朗 ››› 作品 P.6

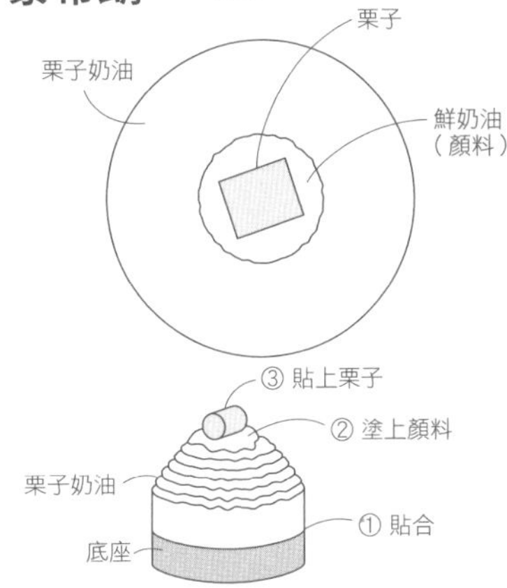

材料・捲法

底座：3mm寬的古銅色120cm，葡萄捲

栗子奶油：3mm寬的小麥色60cm，波浪紋路加工後製作ϕ14mm波浪密圓捲，再變化成葡萄捲

栗子：3mm寬的亮黃色7cm，密圓捲

顏料（白色）

裝飾&組裝作法

在底座上黏貼栗子奶油，頂端中央塗上較多的顏料，再放上栗子。

莓果塔 ››› 作品 P.6・7

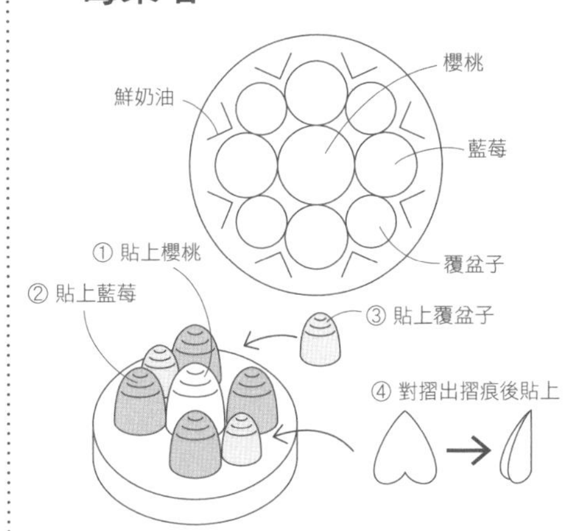

材料・捲法

底座：2mm寬的小麥色60cm，波浪紋路加工後製作ϕ14mm波浪密圓捲

櫻桃：2mm寬的胭脂紅色8cm，鈴鐺捲，1個

藍莓：3mm寬的深藍色7cm，葡萄捲，4個

覆盆子：2mm寬的紅色5cm，葡萄捲，4個

鮮奶油：以白紙剪出裝飾片A（P.58）後對摺，8片

裝飾&組裝作法

先在中央貼櫻桃，在十字位置貼上藍莓；藍莓之間再貼上覆盆子，藍莓和覆盆子之間貼上鮮奶油。

香橙慕斯 ››› 作品 P.6

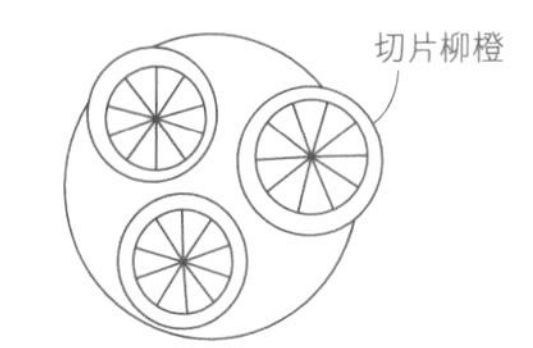

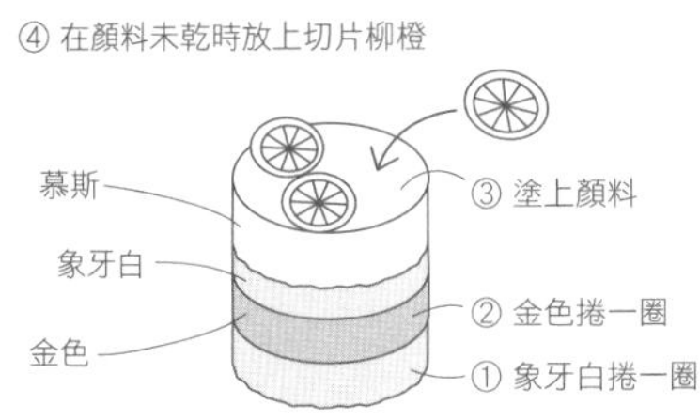

材料・捲法

慕斯：1cm寬的螢光橘色60cm，密圓捲

外周：5mm寬的象牙白色，波浪紋路加工，外圍一圈的長度

3mm寬的金色，外圍一圈的長度

切片柳橙（P.58）：3片

彩繪玻璃用顏料（橘色）

裝飾&組裝作法

在慕斯外圍以象牙白紙條圍一圈，上面再貼上金色紙條。上方以彩繪玻璃顏料上色，並在顏料未乾時放上切片柳橙。

抹茶慕斯 ››› 作品 P.6

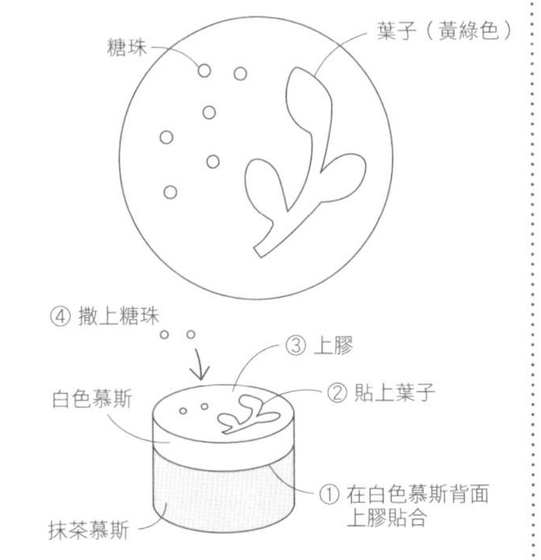

材料・捲法

白色慕斯：3mm寬的象牙白色60cm，密圓捲

抹茶慕斯：5mm寬的抹茶色60cm，疏圓捲，直徑同白色慕斯

甜點用糖珠：適量

黃綠色紙或壓克力顏料（黃綠色）

裝飾&組裝作法

在白色慕斯背面上膠，與抹茶慕絲貼合。上方以造型壓花器壓出黃綠色葉子，或以顏料畫上葉子；待顏料乾後塗一層薄膠，在膠未乾時灑上糖珠。

糖煮蜜桃派 ››› 作品 P.6

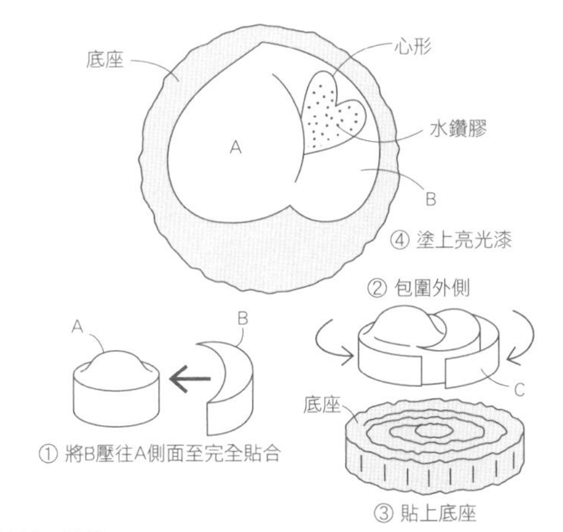

材料・捲法

底座：3mm寬的小麥色60cm，波浪紋路加工後製作ϕ15mm波浪密圓捲

A：3mm寬的淺粉紅色50cm，低葡萄捲

B：3mm寬的淺粉紅色25cm，ϕ9mm疏圓捲

C：3mm寬的淺粉紅色，外圍一圈的長度

外層保護劑（透明亮光漆）

裝飾&組裝作法

將疏圓捲從側面壓往低葡萄捲至貼合，變化成月形捲。以淺粉紅色紙條繞A，B外圍一圈後，剪掉多餘部分，貼在底座上，塗上亮光漆。最後依喜好貼上白色巧克力的心形（以白紙剪裝飾片C〔P.58〕&塗上金蔥膠水〔或剪成細碎狀的金色紙〕）。

巧克力蛋糕

››› 作品 P.6

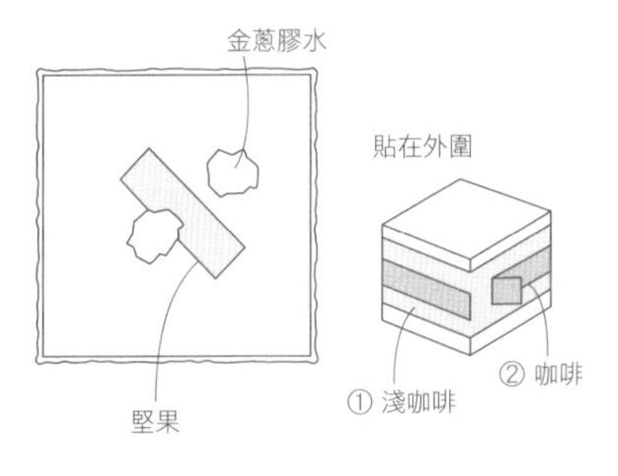

材料・捲法

底座：1cm寬的深咖啡色30cm，製作ϕ13mm疏圓捲後變化成方形捲

周圍：5mm寬的淺咖啡色，波浪紋路加工，外圍一圈的長度

3mm寬的深咖啡色，波浪紋路加工，外圍一圈的長度

堅果：3mm寬的小麥色4cm，製作約ϕ5mm疏圓捲後變化成鑽石捲，再以剪刀剪半

裝飾用：金蔥膠水，顏料（金色），金色紙

裝飾&組裝作法

製作底座，周圍以波浪紋路加工的5mm淺咖啡色紙條貼一圈後，剪掉多餘的部分；中央再以波浪紋路加工3mm的深咖啡色紙條圍貼一圈，剪掉多餘的部分。在部件上方擺放堅果，並以金蔥膠水等裝飾（或貼上剪成細碎狀的金色紙）。

三色巧克力

››› 作品 P.10・11

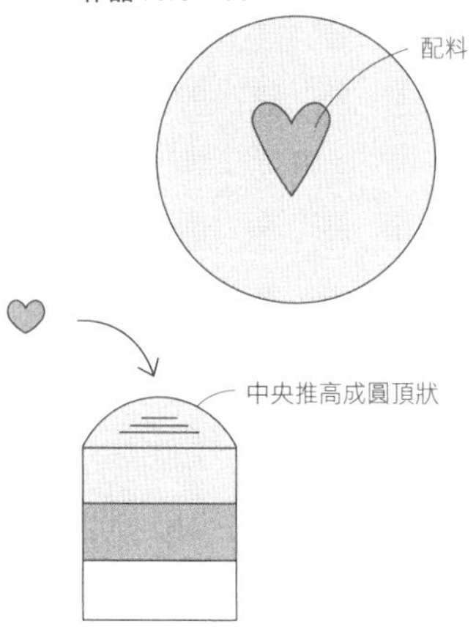

材料・捲法

※顏色由下往上為象牙白、古銅色、小麥色

主體：3mm寬90cm，密圓捲

配料：以咖啡色紙剪裝飾片C（P.58）

裝飾＆組裝作法

僅將小麥色密圓捲中央推高，作出低葡萄捲。依序貼合3個主體，上方貼上心形的裝飾片。

迷你巧克力

››› 作品 P.10・11

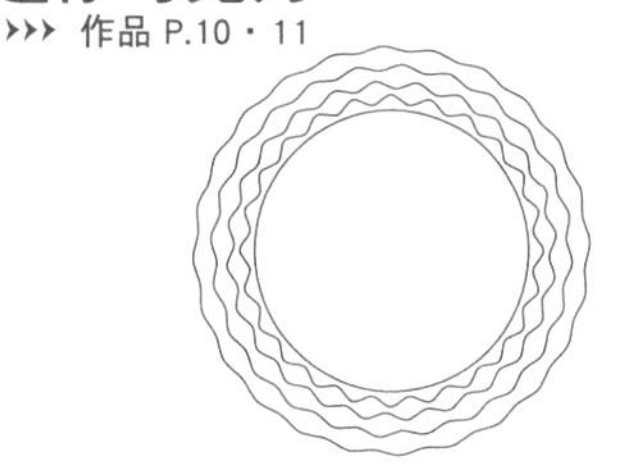
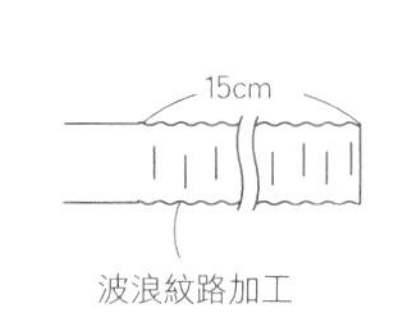

材料・捲法

主體：1cm寬的紅褐色60cm，僅在一端15cm處作波浪紋路加工，製作只有中央部位推高的葡萄捲

裝飾＆組裝作法

從平整未作波浪紋路加工的紙端開始捲，再將中央部位推高成葡萄捲狀。

迷你心形巧克力

››› 作品 P.10・11

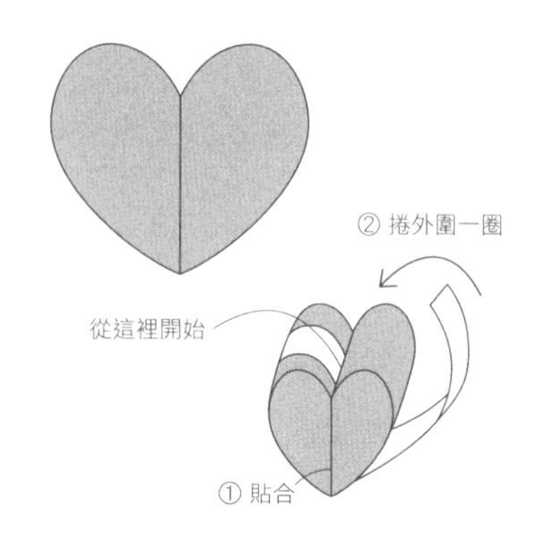

材料・捲法

主體：1cm寬的深咖啡色20cm，製作ϕ8mm疏圓捲後變化成淚滴捲，2個

周圍：3mm寬的象牙白，外圍一圈的長度

裝飾＆組裝作法

貼合2個主體後，從心形中間的凹陷處開始繞一圈，剪掉多餘的部分。

圓頂巧克力

››› 作品 P.10・11

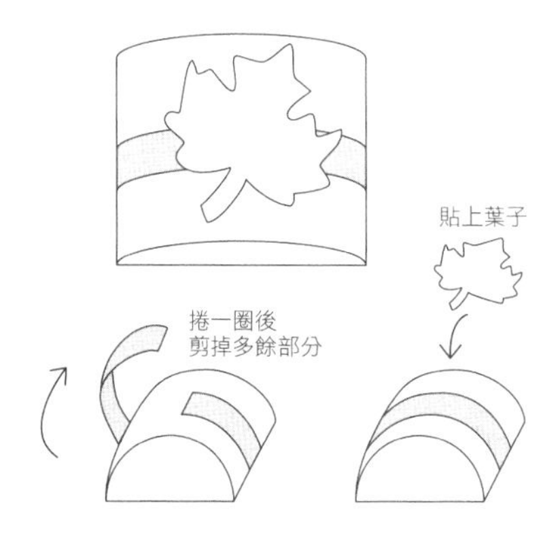

材料・捲法

主體：1cm寬的淺咖啡色30cm，製作ϕ12mm疏圓捲後變化成中・半圓捲

周圍：2mm寬的深咖啡色，外圍一圈的長度

配料：以淺膚色紙剪裝飾片J（P.58）

裝飾＆組裝作法

繞著主體貼一圈周圍用紙後，剪掉多餘的部分，再貼上葉子。

橙皮巧克力

››› 作品 P.10・11

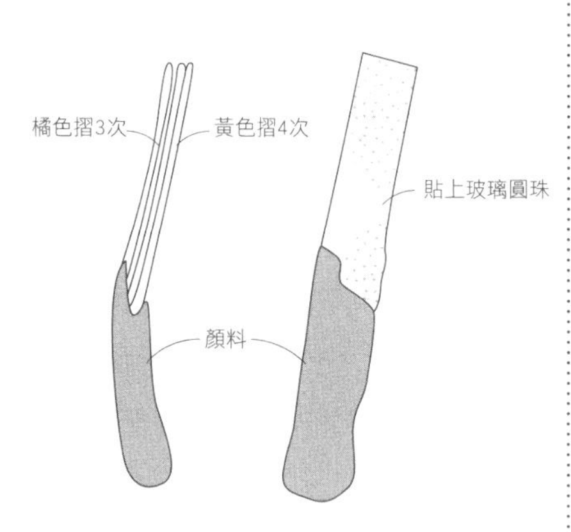

材料・捲法

主體（橘色）：3mm寬的半透明橘色11cm，波浪紋路加工

主體（黃色）：3mm寬的半透明黃色16cm，波浪紋路加工

配料的砂糖：玻璃圓珠（仿真糖粉）等

壓克力顏料（焦棕色）

裝飾＆組裝作法

將主體（橘色）稍微彎出弧度＆摺疊3次，主體（黃色）沿著橘色部分摺4次貼合。在1/3處以顏料上色，顏料未乾時黏附上玻璃圓珠。

※詳細作法參見P.56。

巧克力草莓

››› 作品 P.10・11

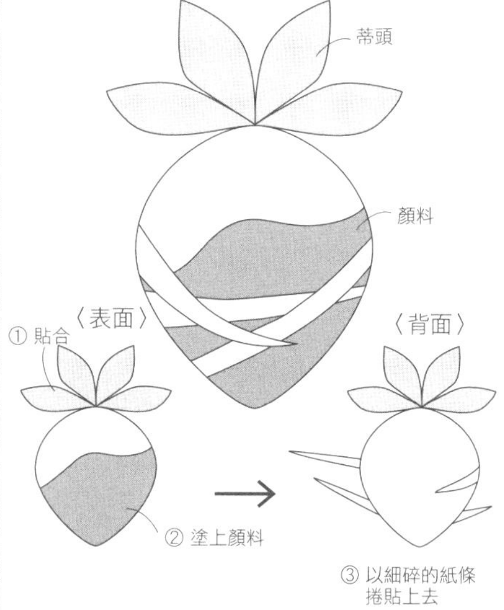

材料・捲法

主體：2mm寬的紅色120cm，緊密淚滴捲

蒂頭：2mm寬的綠色5cm，製作ϕ4mm疏圓捲後變化成眼形捲，4個

配料：剪5cm長的白色細長三角形

壓克力顏料（焦棕色）

裝飾＆組裝作法

將蒂頭以較多的膠與主體貼合。主體的下半部塗上顏料，待顏料乾後以配料用紙包覆至背面約中央處後，剪掉多餘部分貼合。

奇異果圓頂蛋糕 ››› 作品 P.6・7

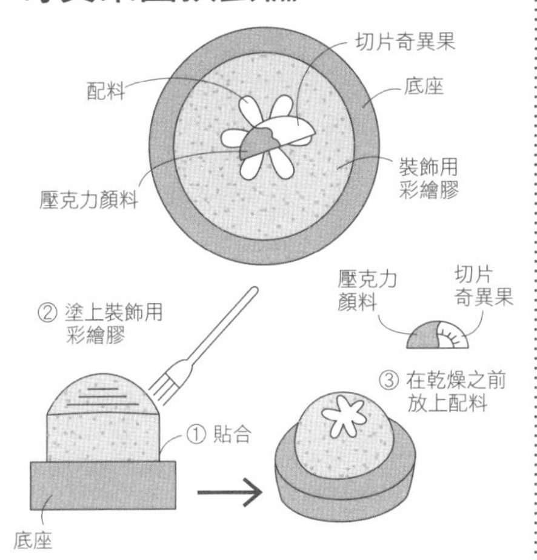

材料・捲法

底座：3mm寬的深咖啡色90cm，密圓捲
奇異果慕斯：3mm寬的黃綠色60cm，葡萄捲
切片奇異果（P.58）：1片
配料：以白紙剪裝飾片B（P.58）
裝飾用彩繪膠或壓克力顏料（黃綠色）
壓克力顏料（焦棕色）

裝飾＆組裝作法

在底座上黏貼奇異果慕斯。塗上裝飾用彩繪膠或壓克力顏料，在顏料未乾時放上配料。再將切半的奇異果片一端塗上壓克力顏料，貼在中央處。

覆盆子慕斯 ››› 作品 P.6・7

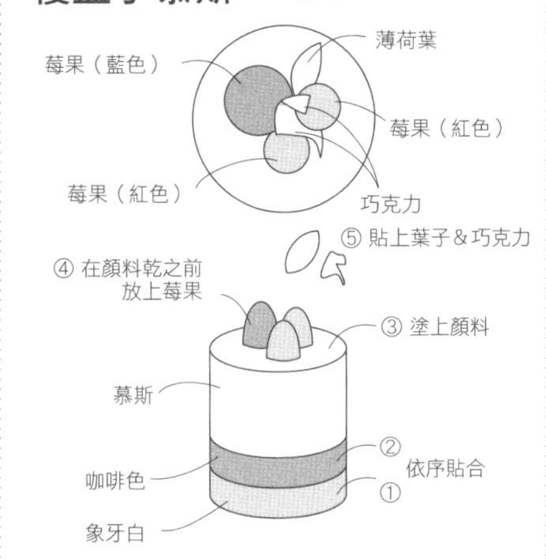

材料・捲法

慕斯：1cm寬的粉紅色60cm，密圓捲
外圍：2mm寬的象牙白＆深咖啡色，外圍一圈的長度
莓果（藍色）：3mm寬的深藍色5cm，葡萄捲
莓果（紅色）：2mm寬的紅色5cm，葡萄捲，2個
薄荷葉：以黃綠色紙剪葉子（P.58裝飾片C剪半）
巧克力：3mm寬的深咖啡色1cm，螺旋捲，剪成細碎狀
玻璃彩繪顏料（紅色）

裝飾＆組裝作法

在慕斯的外圍依象牙白、深咖啡色由下往上貼一圈後，剪掉多餘部分。上方塗上玻璃彩繪顏料，在未乾時放上2種莓果。莓果之間放入薄荷葉，再撒上巧克力。

檸檬蛋糕 ››› 作品 P.6・7

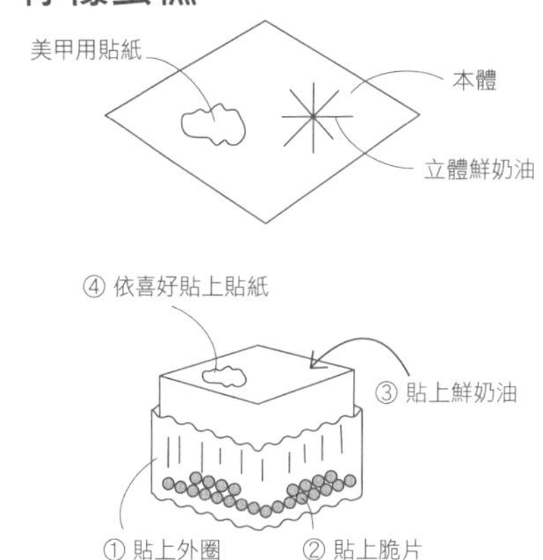

材料・捲法

本體：1cm寬的黃色30cm，製作 ϕ 10.5mm疏圓捲後變化成菱形捲
外圍：6mm寬的米白色5cm，波浪紋路加工
外圍脆片：以淺咖啡色紙剪細碎狀
鮮奶油：以奶油黃紙剪裝飾片A（P.58），4片
依喜好挑選的白色美甲用貼紙（作為上方的鮮奶油），1片

裝飾＆組裝作法

在本體側面以外圍紙黏貼一圈後，剪掉多餘部分。依自己喜好貼上白色的美甲用貼紙當成鮮奶油，再貼上立體鮮奶油。外圍的米白色下方貼上脆片。

※立體鮮奶油的作法參見P.53。

鮮奶油草莓蛋糕 ››› 作品 P.8・9

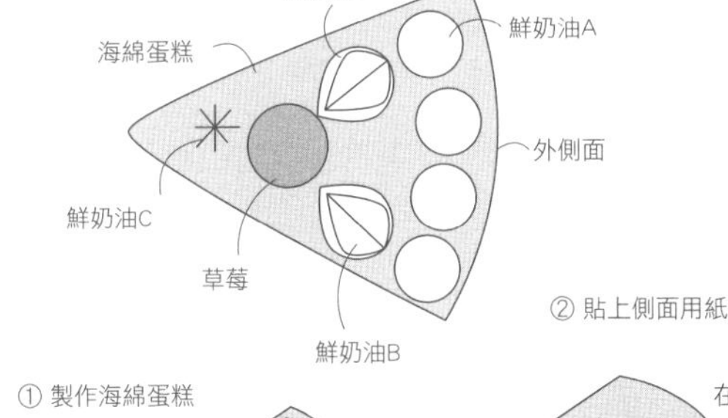

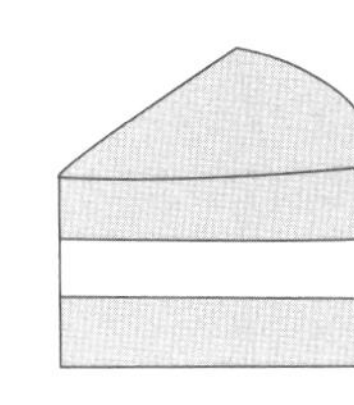

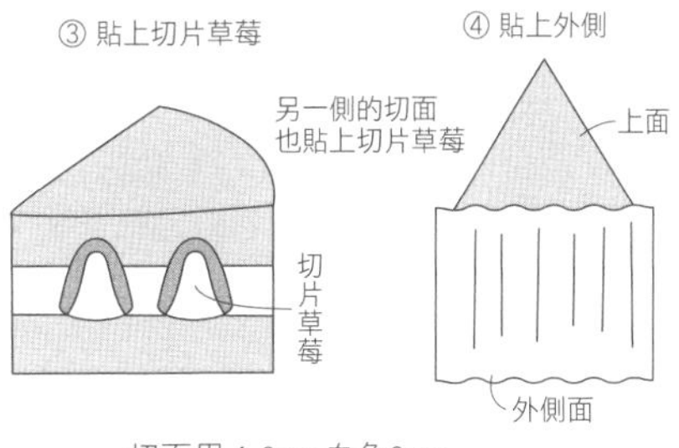

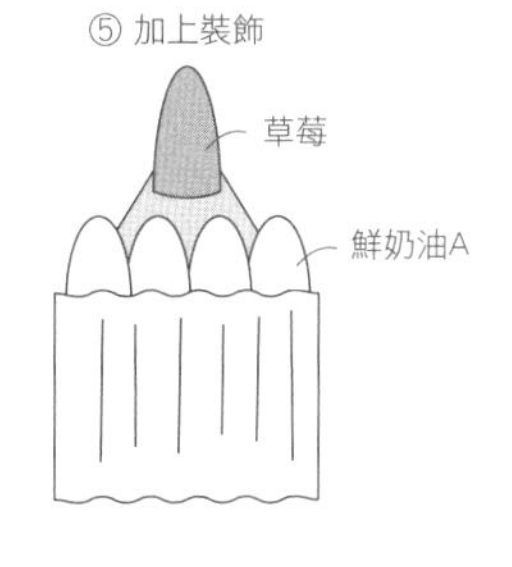

材料・捲法

海綿蛋糕：1cm寬的象牙白30cm，製作 ϕ 15mm疏圓捲後變化成扇形捲
草莓：3mm寬的紅色11cm，鈴鐺捲
鮮奶油A：2mm寬的白色7cm，葡萄捲，4個
鮮奶油B：以白紙剪裝飾片A（P.58），4片
鮮奶油C：以白紙剪裝飾片A（P.58），3片
切面用：3mm白色6cm
切片草莓（P.58）：4片
外側面：1cm寬白色3cm，波浪紋路加工

裝飾＆組裝作法

製作海綿蛋糕後，圍貼側面用白色紙一圈，並在兩側切面各貼上2片切片草莓。貼上外側面後，剪掉多餘的部分。海綿蛋糕上方貼上草莓＆鮮奶油。

※鮮奶油作法參見P.53・P.56。

美式杯子蛋糕 ››› 作品 P.14・15

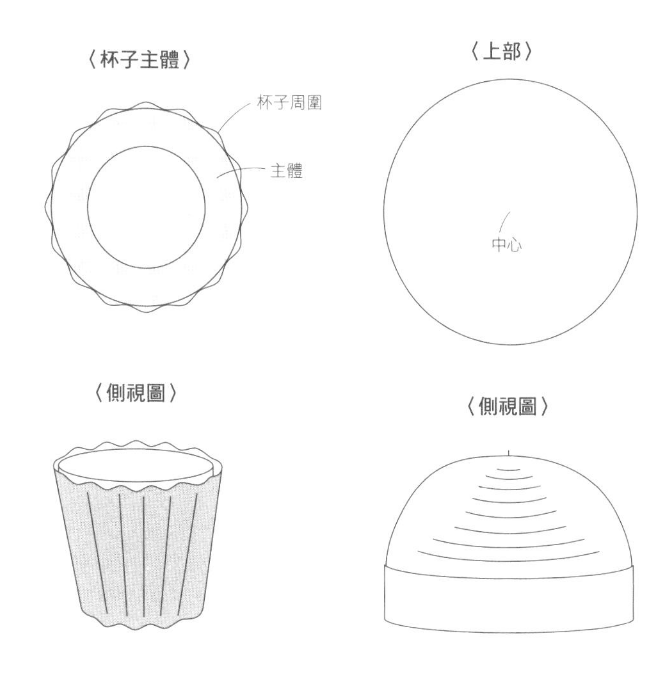

材料・捲法

杯子主體：3mm寬的小麥色60cm，空心鈴鐺捲（利用工具的手柄或較細的筆桿捲出ϕ7.5至8mm空心密圓捲後，從中央推出約1cm）

杯子周圍：1cm寬的紅褐色8cm，波浪紋路加工，以每間隔2個波浪紋路的寬度剪切口

上部：3mm寬的紙180cm，葡萄捲

※顏色使用粉彩粉紅、粉彩藍、粉彩綠、薰衣草紫、淺橘色、白色等，依自己喜好選擇。

配料（心形鮮奶油）：2mm寬的白色6cm，製作ϕ4mm疏圓捲後變化成淚滴捲，2個

配料（花朵）：以喜歡的紙剪裝飾片E・F（P.58）&剪小圓形，2至6片

配料（圓珠）：ϕ3mm珍珠（白色、粉紅色），極小圓珠（綠色、薰衣草紫）

麥克筆（白色、粉紅色、綠色）

裝飾&組裝作法

在杯子主體的外圍貼上波浪紋路加工的紙條後，剪掉多餘部分。上部依喜好貼上配料，再和杯子主體貼合固定。

※底座的作法參見P.35。

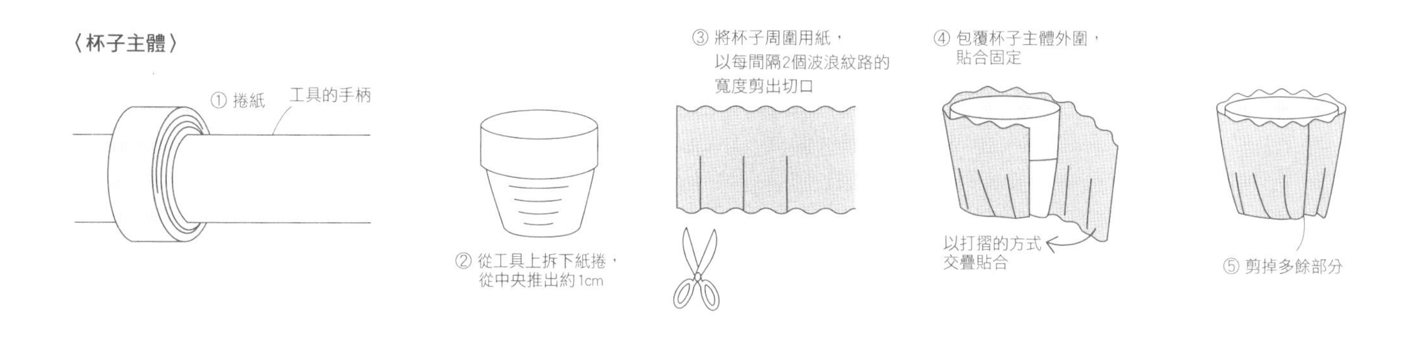

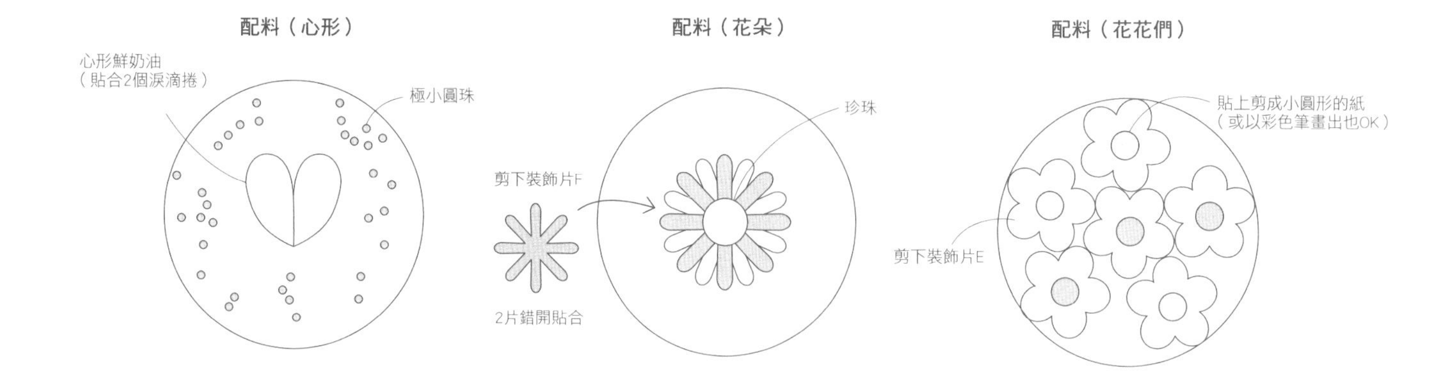

果醬瓶 ››› 作品 P.12・13

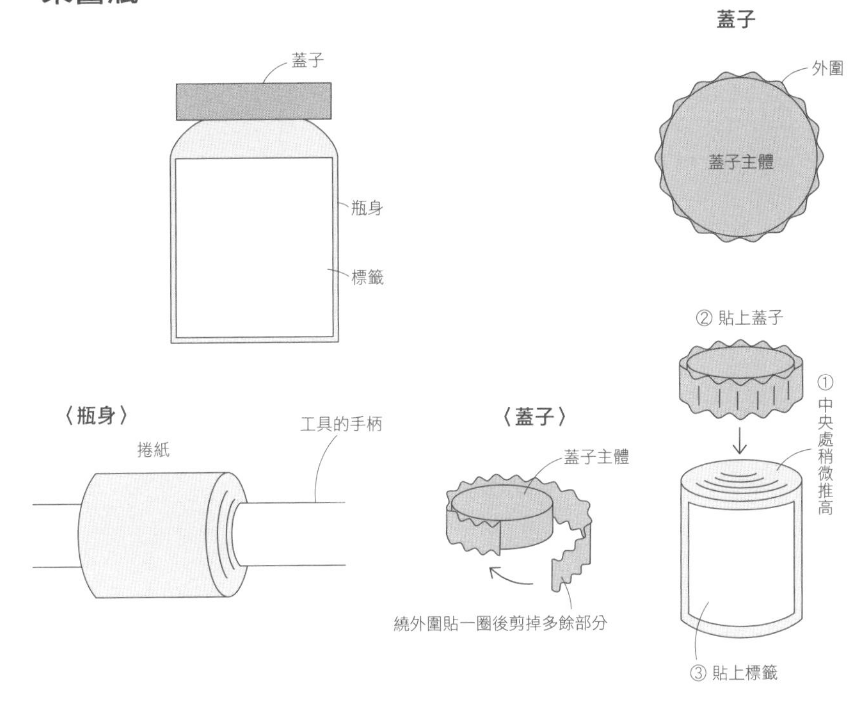

材料・捲法

蓋子主體：2mm寬的橄欖綠90cm，密圓捲

蓋子外圍：2mm寬的橄欖綠5cm，波浪紋路加工

主體：1.25cm寬的螢光橘色或紅色60cm，ϕ11mm空心密圓捲（可利用ϕ5至6mm的工具手柄或較細的吸管）

標籤：參見P.58挑選自己喜愛的圖案

裝飾&組裝作法

在蓋子主體的外圍貼一圈波浪紋路加工的紙條後，剪掉多餘的部分。將主體中央處稍微推高後上膠固定，貼上蓋子。側面貼上自己喜愛的標籤。

※示範作品上的標籤是使用市售的紙膠帶。

冰盒餅乾 ››› 作品 P.12・13

〈咖啡口味〉

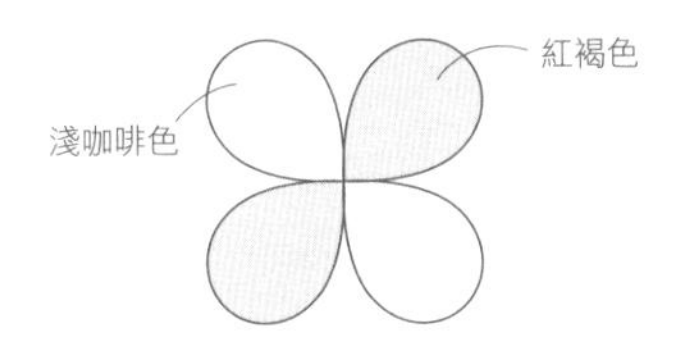

〈巧克力口味〉

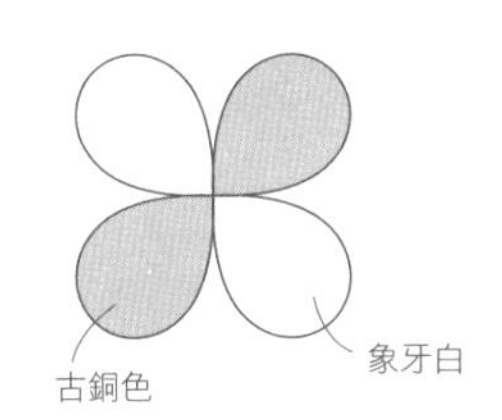

材料・捲法

◇咖啡口味

3mm的紅褐色・淺橘色各12cm，緊密淚滴捲，每色各2個

◇巧克力口味

3mm的古銅色・象牙白各12cm，緊密淚滴捲，每色各2個

裝飾&組裝作法

依圖示顏色配置方式，將部件貼合固定。

果醬餅乾 ››› 作品 P.12・13

〈草莓口味〉

紅色顏料

主體

外圍

〈杏桃口味〉

橘色顏料

主體

外圍

〈側視圖〉

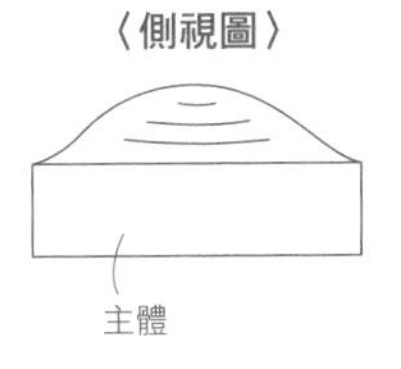

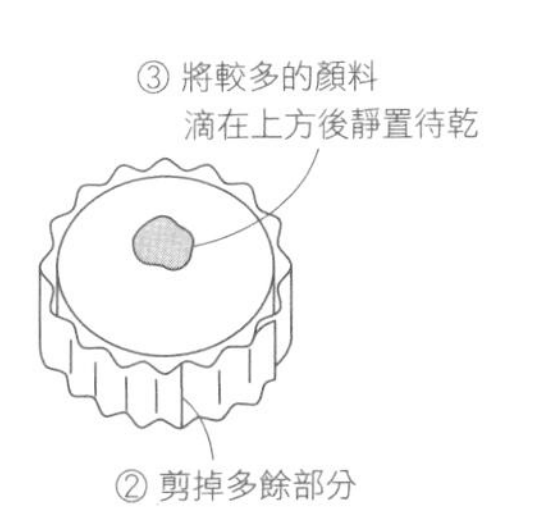

材料・捲法

主體：3mm寬的象牙白60cm，低葡萄捲

外圍：3mm寬的象牙白10cm，波浪紋路加工

玻璃彩繪顏料（紅色、橘色）等

裝飾&組裝作法

在主體外圍貼一圈紙條後，剪掉多餘部分。將較多的顏料滴在主體中央上方，靜置待乾。

方形餅乾 ››› 作品 P.12・13

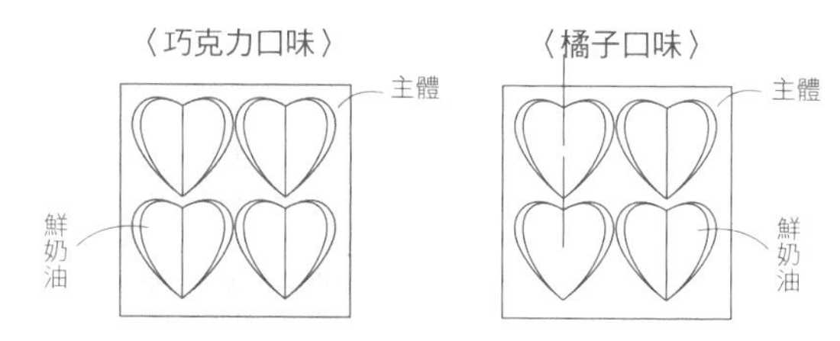

材料・捲法

◇巧克力口味

主體：3mm寬的古銅色30cm，製作ϕ 11mm疏圓捲後變化成方形捲

鮮奶油：以淺咖啡色紙剪裝飾片A（P.58），4片對摺，4片不對摺

◇橘子口味

主體：3mm寬的淺橘色30cm，製作ϕ 11mm疏圓捲後變化成方形捲

鮮奶油：以淺橘色紙剪裝飾片A（P.58），4片對摺，4片不對摺

裝飾＆組裝作法

在主體上如圖示先貼上沒有對摺的4片鮮奶油，在每片紙上再貼上有對摺的鮮奶油。

※鮮奶油的作法參見P.58。

草莓甜甜圈

››› 作品 P.32

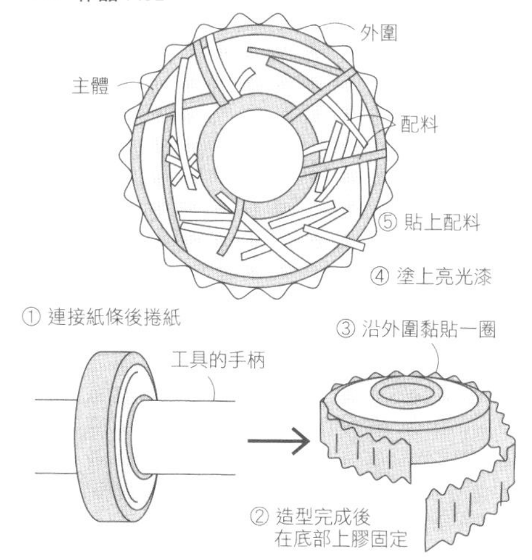

材料・捲法

主體：3mm寬的紙（依淺咖啡15cm＋粉紅色85cm＋淺咖啡色20cm順序連接），ϕ 14至15mm空心密圓捲（可利用ϕ 5至6mm的工具手柄或較細的吸管）

外圍：3mm寬的淺咖啡色7cm，波浪紋路加工

配料：以象牙白＆紅色的紙剪細碎狀

透明亮光漆（或手工藝專用膠）

裝飾＆組裝作法

將空心密圓捲從背面往上推高成葡萄捲的圓弧造型，中間圓孔部位再稍微壓回。背面塗一層薄膠靜置待乾，再在外圍貼一圈外圍用紙並剪掉多餘部分。表面全部薄塗一層亮光漆後，貼上配料用紙（參見P.35）。

※主體作法請參見P.35「歐菲香（主體）作法」。

巧克力餅乾 ››› 作品 P.12・13

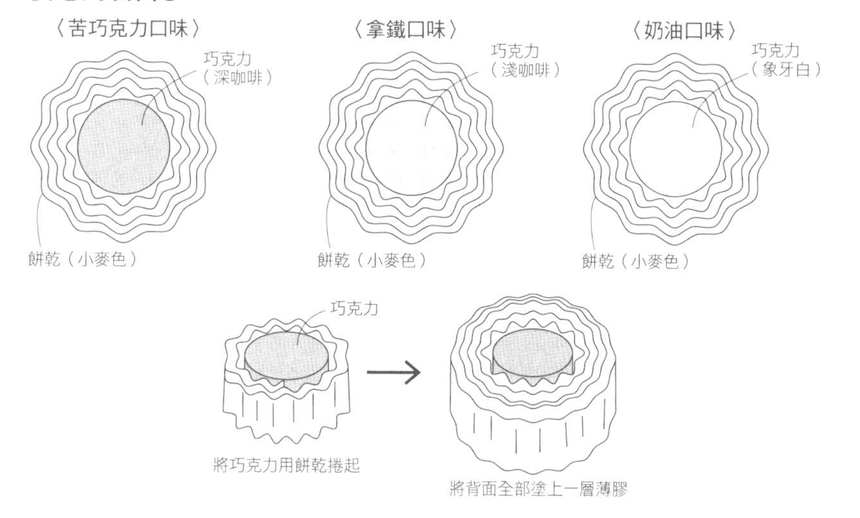

材料・捲法

巧克力：3mm寬的深咖啡色、象牙白、淺咖啡色各20cm，密圓捲

餅乾：3mm寬的小麥色18cm，波浪紋路加工，3條

裝飾＆組裝作法

以餅乾用紙條捲貼於巧克力周圍，再將背面全部塗上一層薄膠。

巧克力甜甜圈 ››› 作品 P.32

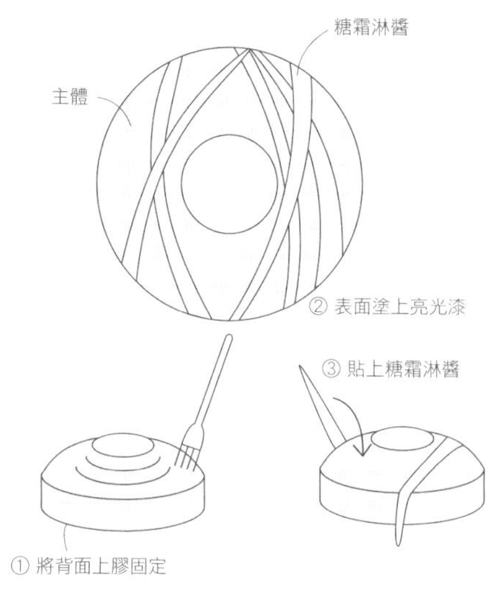

材料・捲法

主體：3mm寬的紅褐色120cm，ϕ 14至15mm空心密圓捲（可利用ϕ 5至6mm的工具手柄或較細的吸管）

糖霜淋醬：以3mm寬的象牙白色紙剪出底2mm×高5cm的三角形，5片

透明亮光漆（或手工藝專用膠）

裝飾＆組裝作法

將空心密圓捲從背面往上推高成葡萄捲的圓弧造型，中間圓孔部位再稍微壓回。在背面塗上一層薄膠，表面全部塗上一層亮光漆，再貼上糖霜淋醬的細長紙條，多餘的部分繞至背面後剪掉。

※主體作法參見P.35「歐菲香（主體）作法」。

巧克力炸甜甜圈 ››› 作品 P.32

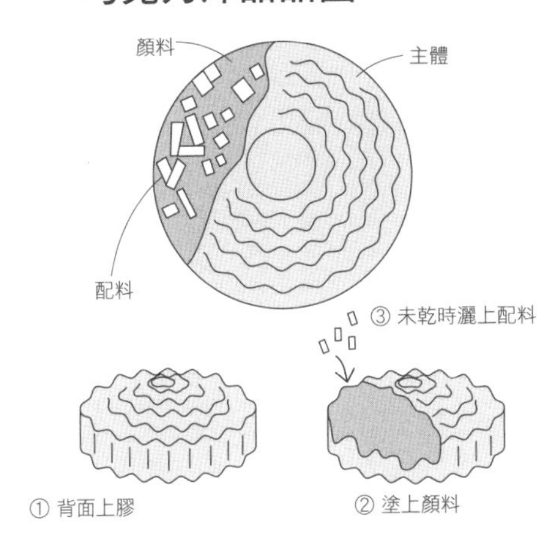

材料・捲法

主體：3mm寬的紅褐色60cm，波浪紋路加工後製作ϕ14至15mm波浪密圓捲

配料：小麥色紙剪成細碎狀

裝飾用彩繪膠或壓克力顏料（焦棕色）

裝飾＆組裝作法

將波浪密圓捲從底部往上推高成葡萄捲的圓弧造型，背面塗上一層薄膠。表面塗上顏料，未乾時灑上配料紙。

波提甜甜圈 ››› 作品 P.32

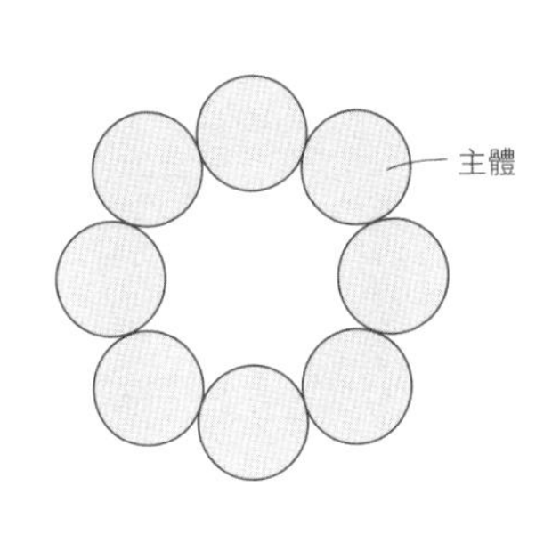

材料・捲法

主體：3mm寬的小麥色10cm，葡萄捲，8個

裝飾＆組裝作法

將8個葡萄捲圍合約ϕ14至15mm的圓環，貼合固定（參見P.35）。

歐菲香甜甜圈 ››› 作品 P.32

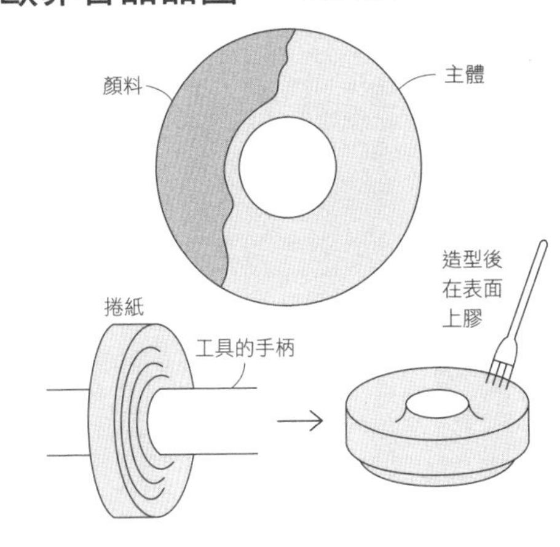

材料・捲法

主體：3mm寬的小麥色120cm，ϕ14至15mm空心密圓捲（可利用ϕ5至6mm工具手柄或較細的吸管）

壓克力顏料（焦棕色）

裝飾＆組裝作法

將空心密圓捲推高出葡萄捲的圓弧造型後翻面，將中央圓孔附近稍微壓回。表面全部塗上一層薄膠待乾，再以顏料塗上巧克力淋醬。

※主體作法參見P.35。

白巧克力脆片甜甜圈 ››› 作品 P.34

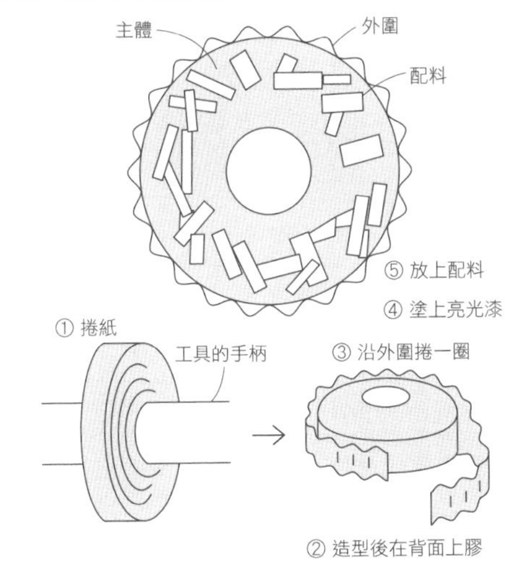

材料・捲法

主體：3mm寬的小麥色120cm，ϕ14至15mm空心密圓捲（可利用ϕ5至6mm工具手柄或較細的吸管）

外圍：3mm 寬的小麥色7cm，波浪紋路加工

配料：以象牙白的紙剪細碎狀

透明亮光漆（或手工藝專用膠）

裝飾＆組裝作法

將空心密圓捲推高作出葡萄捲的圓弧造型後，中間圓孔部位再稍微壓回。在背面塗上一層薄膠，另取紙條沿外圍黏貼一圈後剪掉多餘部分。再將表面全部塗上一層亮光漆，貼上配料用紙（參見P.35）。

※主體作法參見P.35「歐菲香（主體）作法」。

熊熊甜甜圈 ››› 作品 P.34

耳　頭　耳　眼　眼　鼻

① 貼合2個頭部的部件

對齊接合處

③ 貼上臉部

耳　耳　接合處

② 貼上耳朵

材料・捲法

◇小麥色（咖啡口味）

頭：3mm寬的小麥色120cm，低葡萄捲，2個（直徑相同）

耳：3mm寬的小麥色15cm，低葡萄捲，2個

臉：裝飾片D（P.58）（眼・鼻：咖啡色，其他：象牙白）

◇深咖啡色（巧克力口味）

頭：3mm寬的深咖啡色120cm，低葡萄捲，2 個（直徑相同）

耳：3mm寬的深咖啡色15cm，低葡萄捲，2 個

臉：裝飾片D（P.58）（眼・鼻：咖啡色，其他：象牙白）

裝飾＆組裝作法

對齊2個頭部部件的收尾接合處，貼合後靜置待乾，再貼上耳朵。表面貼上臉部裝飾片。

對切蘋果（紅色・青綠色）

››› 作品 P.36

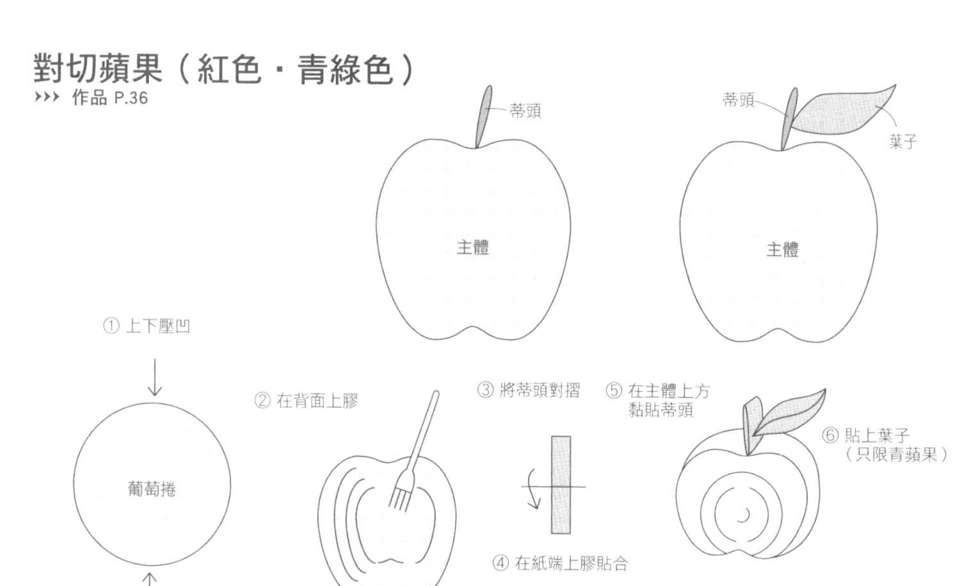

材料・捲法 ※紅色・青綠色各1個

主體：2mm寬的紅色、黃綠色各120cm，高葡萄捲

蒂頭：2mm寬的紅褐色，1cm對摺，2個

葉子：2mm寬的綠色7.5cm，製作ϕ6mm疏圓捲後變化成眼形捲

裝飾＆組裝作法

將主體的上下端壓凹塑型後，在整個背面上膠固定。

蒂頭邊端上膠後貼在主體上。青蘋果的蒂頭上再黏貼葉子。

※壓凹的作法＆蒂頭・葉子的貼法參見P.37。

切片蘋果 ››› 作品 P.36

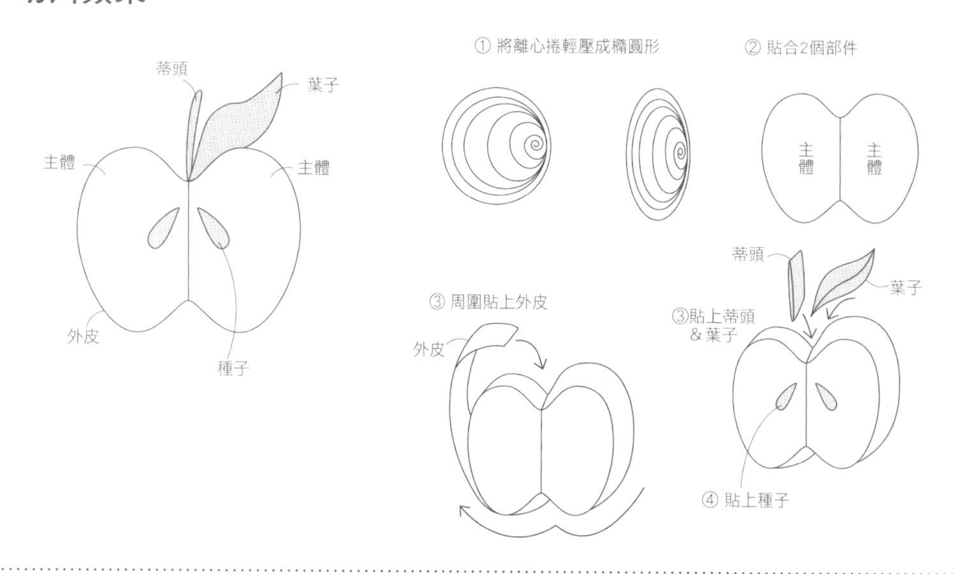

材料・捲法 ※紅色・青綠色各1個

主體：3mm寬的象牙白18cm，製作ϕ10mm疏圓捲後變化成離心捲，4個

外皮：3mm寬的半透明紅、半透明綠，外圍一圈的長度

蒂頭：2mm寬的紅褐色，1cm對摺，2個

葉子：2mm寬的綠色7.5cm，製作ϕ6mm疏圓捲後變化成眼形捲，2個

種子：以咖啡色紙剪裝飾片C（P.58），剪成對半，4片

裝飾＆組裝作法

將主體的離心捲輕壓成橢圓形後，貼合2個部件，再圍貼一圈外皮＆剪掉多餘的部分。蒂頭邊端上膠後貼在主體上，蒂頭再貼上葉子，表面貼上種子。

※蒂頭・葉子的貼法參見P.37。

紅蘋果・青蘋果

››› 作品 P.37

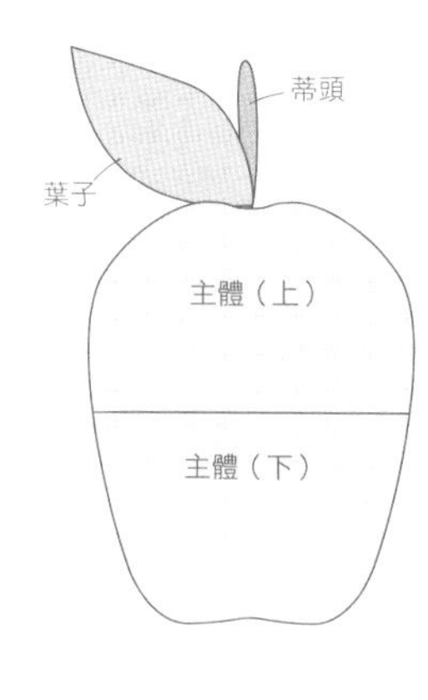

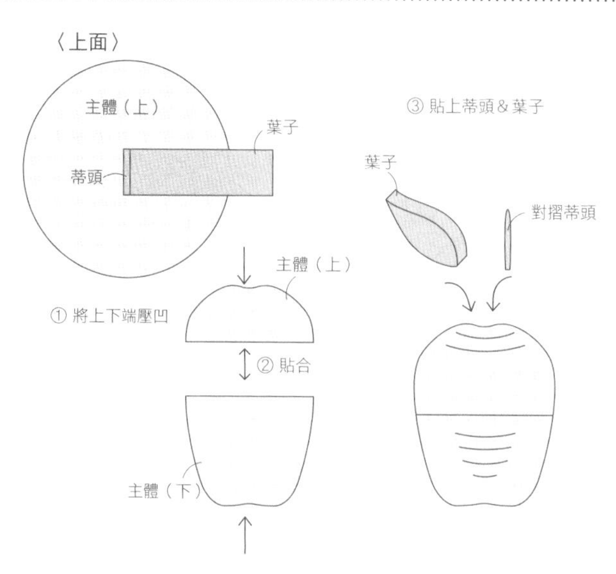

材料・捲法 ※紅色・青綠色各1個

主體（上）：2mm寬的紅色、黃綠色各120cm，低葡萄捲

主體（下）：3mm寬的紅色、黃綠色各120cm，低葡萄捲

蒂頭：2mm寬的紅褐色，1cm對摺，2個

葉子：2mm寬的綠色10cm，製作ϕ7.5mm疏圓捲後變化成眼形捲，2個

裝飾＆組裝作法

上下主體的葡萄捲都在中央處稍微壓凹後，相互貼合。蒂頭邊端上膠後貼在主體上，蒂頭再貼上葉子。

※詳細造型方法＆蒂頭・葉子的貼法參見P.37。

冰淇淋 ›››
作品 P.40・41

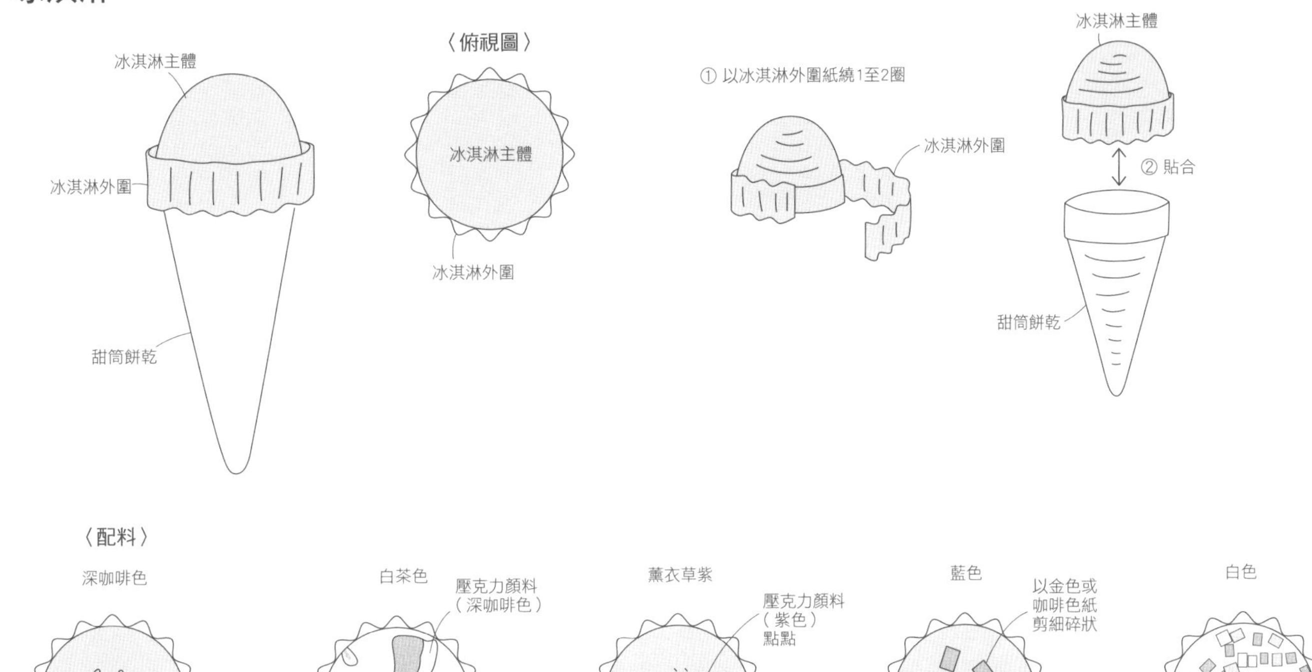

〈配料〉

深咖啡色
以淺咖啡色紙
剪細碎狀

白茶色
壓克力顏料
（深咖啡色）

薰衣草紫
壓克力顏料
（紫色）
點點

藍色
以金色或
咖啡色紙
剪細碎狀

白色
以粉紅色、黃綠色、
藍色紙剪細碎狀

材料・捲法

甜筒餅乾：3mm寬的小麥色45cm，錐形捲
冰淇淋主體：3mm寬的紙（依自己喜好）60cm，高葡萄捲
冰淇淋外圍：3mm寬的紙（同冰淇淋顏色），波浪紋路加工15cm
配料：以淺咖啡色・咖啡色・金色等紙剪細碎狀
壓克力顏料（深咖啡色・紫色等）

裝飾＆組裝作法

在冰淇淋主體周圍黏貼外圍用紙1至2圈後，剪掉多餘部分。與甜筒餅乾貼合後，依自己喜好用紙或顏料裝飾上配料。

小兔子蘋果（紅色・青綠色）›››
作品 P.36

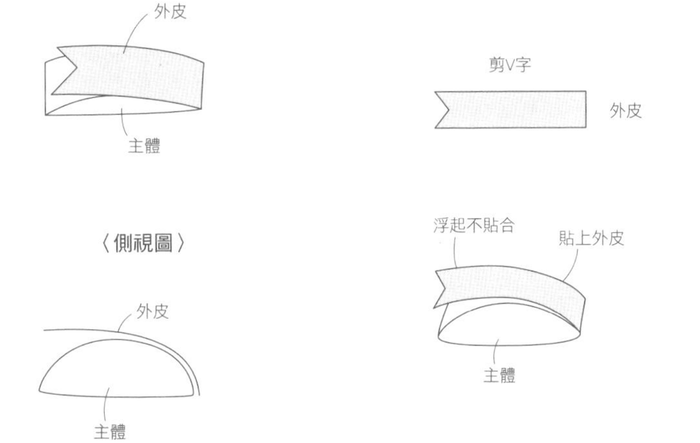

材料・捲法 ※紅色・青綠色各1個

主體：3mm寬的象牙白10cm，製作φ 7.5mm疏圓捲後變化成低半圓捲，2個
外皮：3mm寬的半透明紅、半透明綠，各色約1cm，一端剪V字

裝飾＆組裝作法

在主體上側邊黏貼外皮。

迷你糖果 ››› 作品 P.38

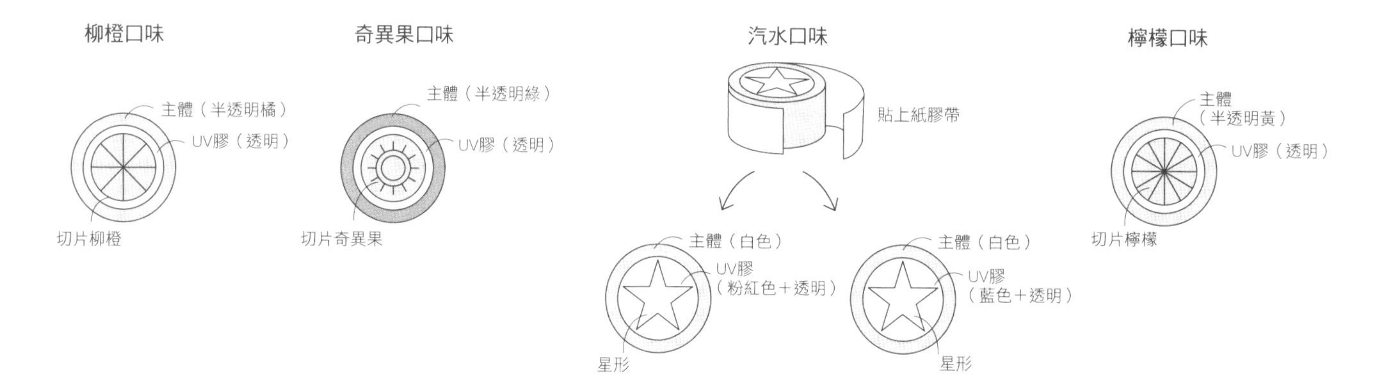

材料・捲法

主體：3mm寬的紙各10cm，利用φ5mm棒子製作空心密圓捲
　　顏色：奇異果口味＝半透明綠・柳橙口味＝半透明橘・檸檬口味＝半透明黃・汽水口味＝白色
透明UV膠
彩色UV膠（藍色・粉紅色）
星形：以白紙剪裝飾片G（P.58），2 片
切片奇異果、切片檸檬、切片柳橙（P.58）：各2片
依自己喜好挑選的紙膠帶

裝飾＆組裝作法

貼合2片切片水果，使正反兩面皆有圖案。製作主體，在空心處先滴約一半的UV膠後放入切片水果，再填滿UV膠＆加以硬化。汽水糖在滴入UV膠之前，以喜歡的紙膠帶剪3mm寬圍貼外側一圈；硬化後，在上下兩面各貼上一片星形。

※詳細作法參見P.56。

棒棒糖 ››› 作品 P.39

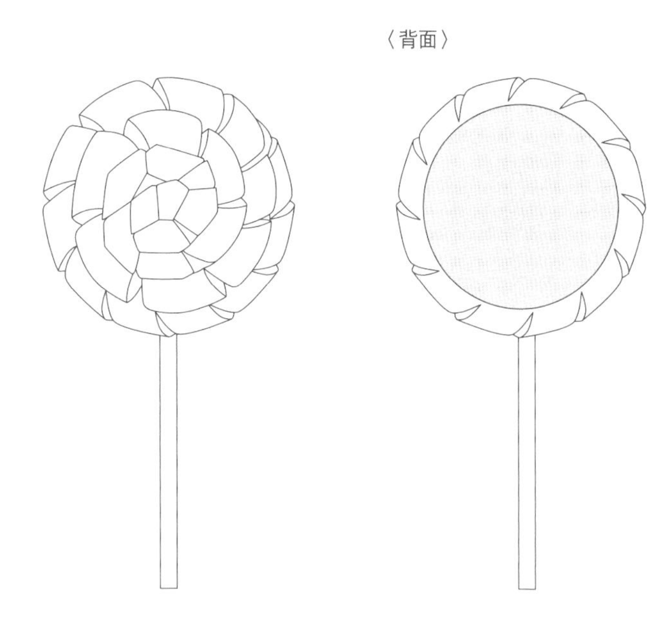

材料・捲法

背面：2mm寬的紙（自己喜歡的顏色）
　　120cm，密圓捲
主體：3mm寬的塗色紙30cm，螺旋捲
※上色方法：使用三種不同顏色的螢光筆，以縱向方向上色。
螢光筆等色筆
棉花棒的桿子

裝飾＆組裝作法

製作背面用的密圓捲。
沿密圓捲的外側，由外往內捲貼螺旋捲。往內捲繞時要注意不讓螺旋捲鬆開，一邊捲繞一邊貼牢。捲至中央後剪掉多餘的部分，再貼上棉花棒的桿子。

※上色方法＆造型作法參見P.39。

馬卡龍塔的馬卡龍

››› 作品 P.46

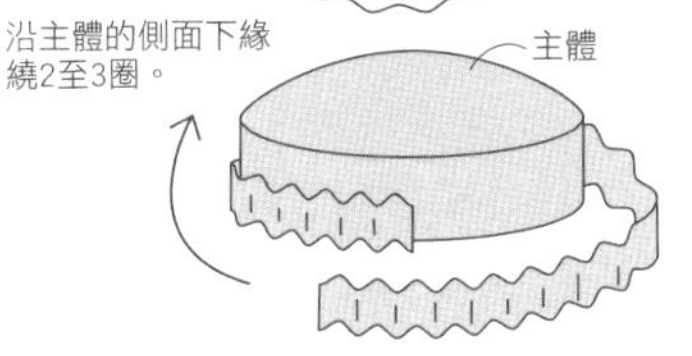

沿主體的側面下緣繞2至3圈。

主體

將紙條縱向剪半後，加工波浪紋路

材料・捲法（1個分）

※顏色如下（主體・外圍顏色相同）
粉紅色＝嫩粉紅・綠色＝嫩粉綠・水藍色＝嫩粉藍

※本書作品使用的馬卡龍數量：粉紅色17個・綠色＆藍色各16個

主體：3mm寬的紙90cm，低葡萄捲

外圍：3mm寬的紙15cm，紙條縱向剪半後加工波浪紋路

裝飾＆組裝作法

沿主體的側面下緣，以外圍用紙繞2至3圈貼合固定。

馬卡龍塔

››› 作品 P.46

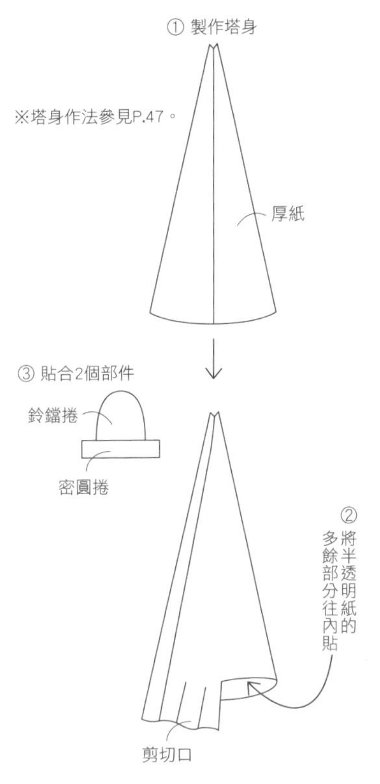

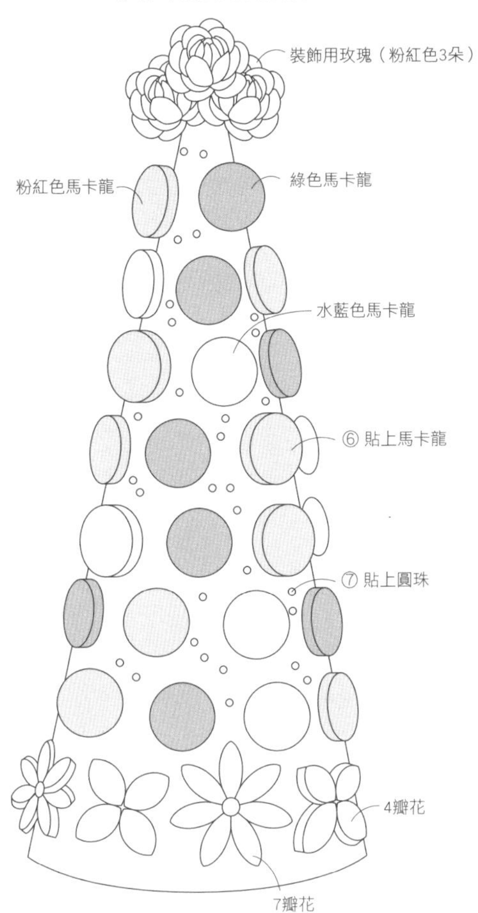

⑤ 下緣處，以4瓣花・7瓣花穿插黏貼作為裝飾

※玫瑰・4瓣花・7瓣花作法參見P.60。

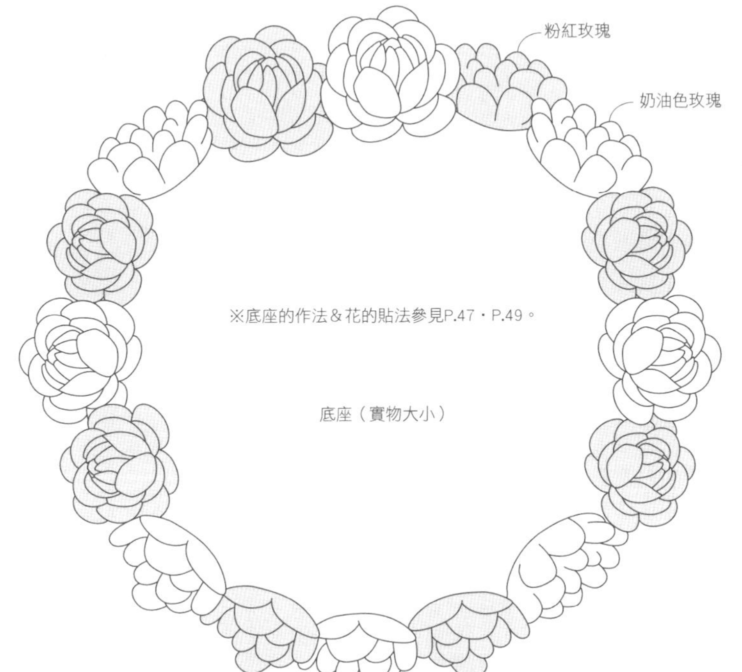

材料・捲法

底座：1cm寬的瓦愣紙（粉紅色）60cm

※瓦愣紙是有波浪紋路加工，類似紙箱材質的紙。

塔身：稍有厚度的紙（丹迪紙等）20×20cm
依自己喜好有花紋的半透明紙20×20cm

塔頂的底座：3mm寬的粉紅色紙90cm，密圓捲
3mm寬的粉紅色紙60cm，鈴鐺捲

圓珠：ϕ3mm圓珠（粉彩藍・粉彩粉紅・粉彩綠・珍珠白等，依自己喜好的顏色）

裝飾用馬卡龍：各色16至17個

裝飾用玫瑰（P.60）：粉紅色11朵・奶油色8朵

裝飾用4瓣花・7瓣花（P.60）：各5朵

裝飾＆組裝作法

以瓦愣紙捲成ϕ7cm波浪密圓圈，在背面上膠固定，作為底座，再沿周圍貼上塔用玫瑰（P.60）。在塔身用紙型（P.58）的厚紙上黏貼喜歡的花紋半透明紙，作成圓錐塔。在頂端的密圓捲底座上黏貼鈴鐺捲，鈴鐺捲整體表面再貼上3 朵玫瑰，上膠固定於塔頂。塔身下緣以4瓣花・7瓣花（P.60）穿插黏貼，作為裝飾；側面再貼上馬卡龍，空白處點綴貼上圓珠。

※詳細作法參見P.47・P.49。

馬卡龍 ››› 作品 P.47

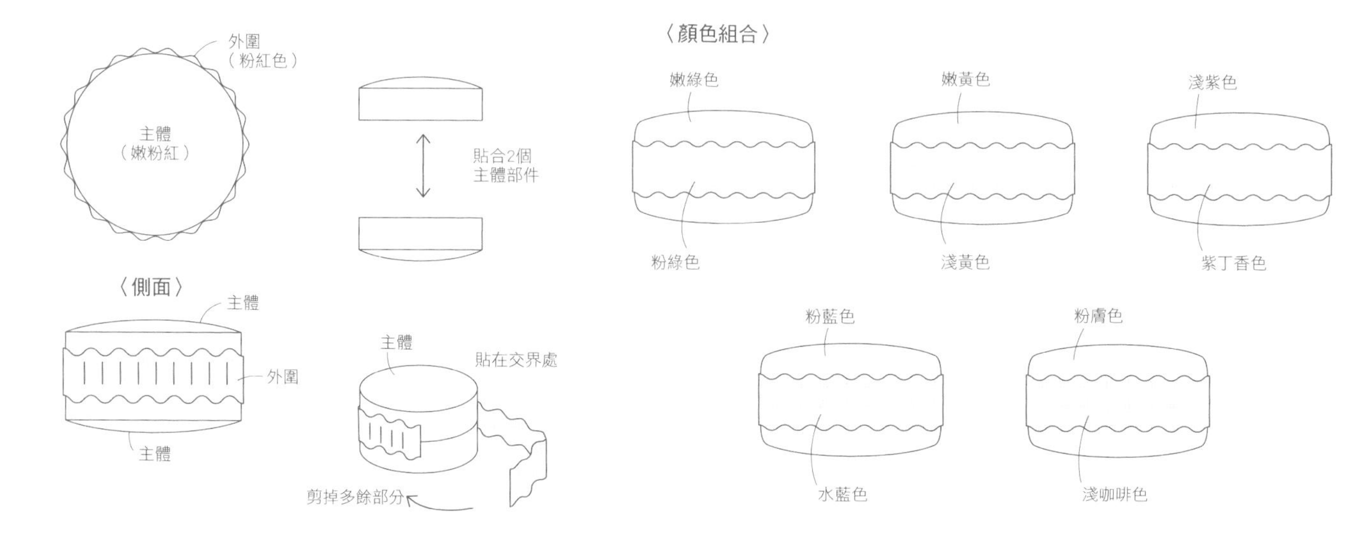

材料・捲法

主體：3mm寬的紙90cm，低葡萄捲，2個

外圍：3mm寬的紙7cm，波浪紋路加工

※主體・外圍的顏色組合：
粉紅色＝嫩粉紅・粉紅色、綠色＝嫩綠色・粉綠色、
黃色＝嫩黃色・淺黃色、紫色＝淺紫色・紫丁香色、
水藍色＝粉藍色・水藍色、咖啡色＝粉膚色・淺咖啡色

裝飾＆組裝作法

貼合2個主體部件，交界處貼一圈外圍用紙後剪掉多餘部分。

薑餅人 ››› 作品 P.50・51

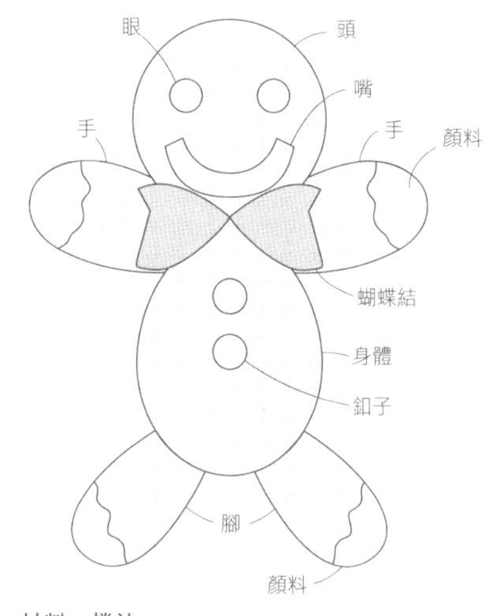

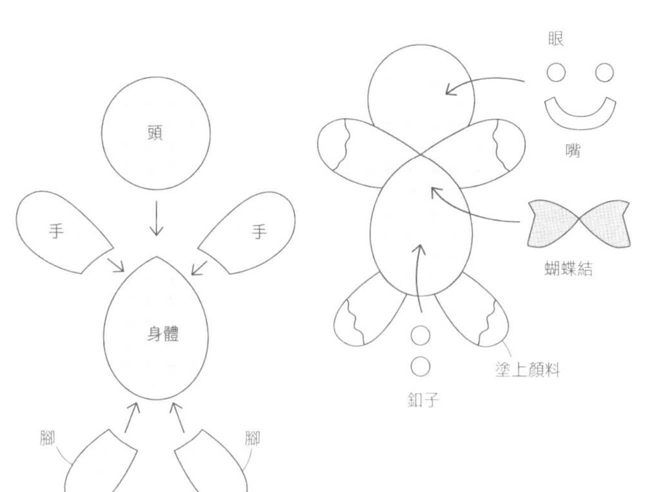

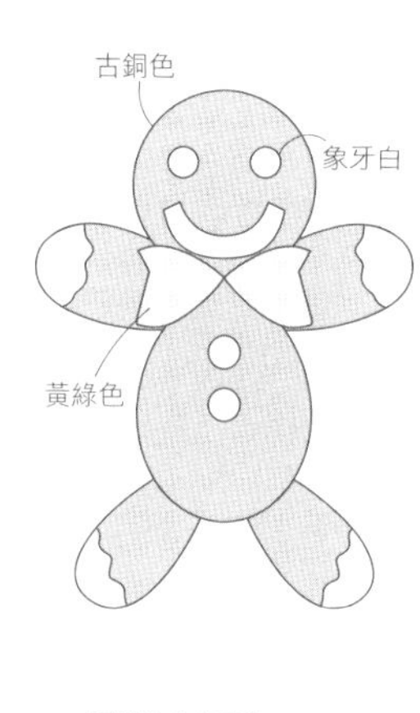

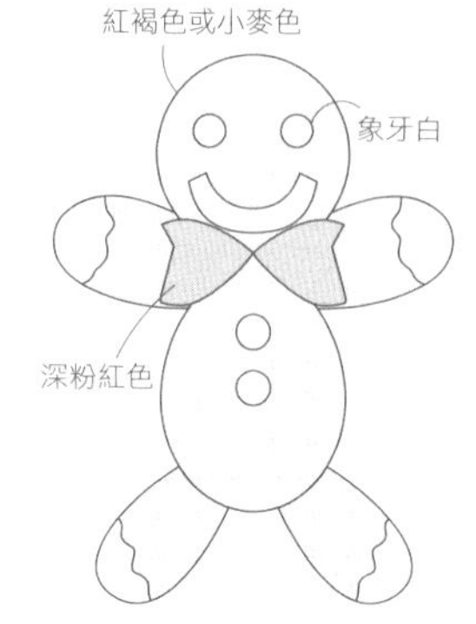

材料・捲法

※各部件的用紙寬度＆顏色：3mm寬，古銅色・紅褐色・小麥色

頭：60cm，密圓捲

身體：60cm，製作ϕ11mm密圓捲後變化成緊密淚滴捲

手：20cm，製作ϕ7mm疏圓捲後變化成高半圓捲，2個

腳：15cm，製作ϕ6mm疏圓捲後變化成高半圓捲，2個

蝴蝶結：2mm的黃綠色或深粉紅色6cm，製作ϕ4.5mm疏圓捲後變化成心形捲，2個

壓克力顏料（白色）

臉部部件：以象牙白紙剪裝飾片I（P.58）

釦子：使用裝飾片I（P.58）的眼睛

裝飾＆組裝作法

將身體與頭部＆手腳部件組裝貼合。貼上臉部裝飾片，以2個心形捲貼出蝴蝶結，再將手腳邊端塗上顏料作成糖霜。

※上糖霜的方法參見P.51。

三明治 ››› 作品 P.52・54

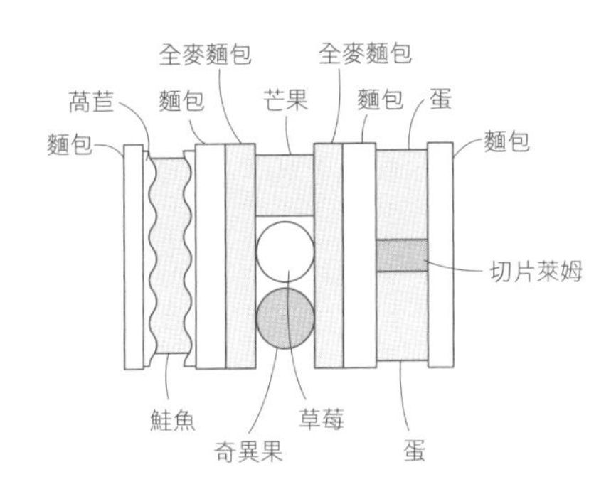

〈上面〉

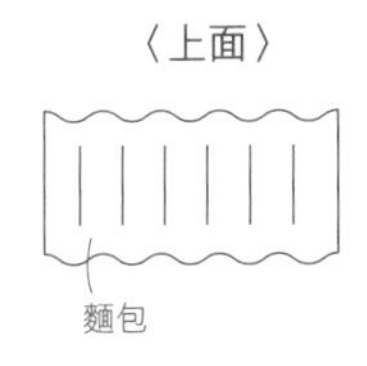

※麵包作法參見P.54。

〈麵包・全麥麵包〉

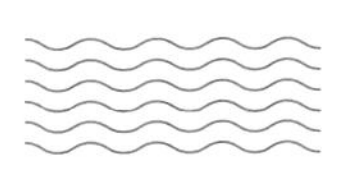

6層波浪紋路加工紙

〈燻鮭魚三明治〉

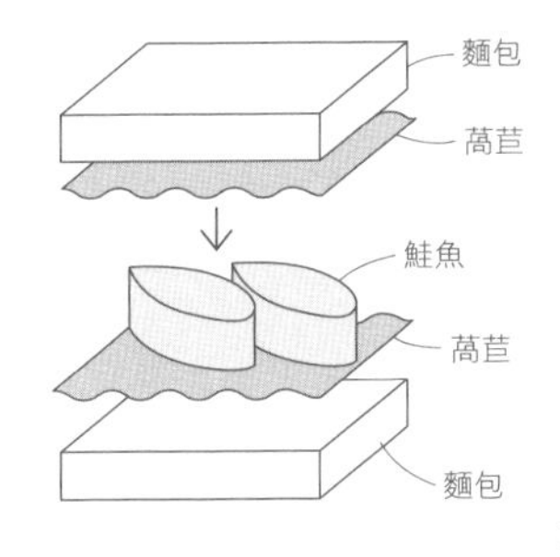

〈蛋捲三明治〉

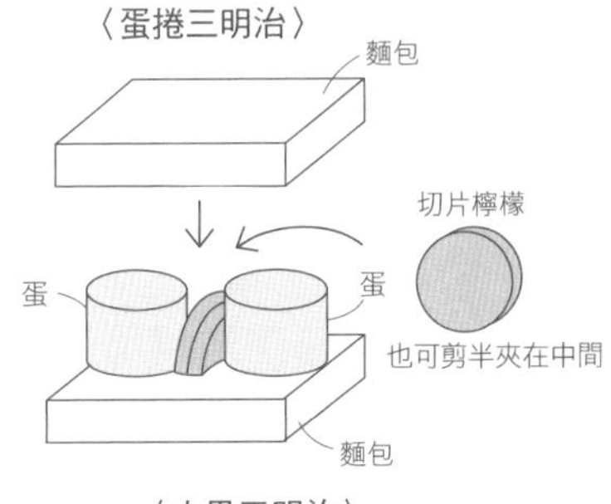

〈水果三明治〉

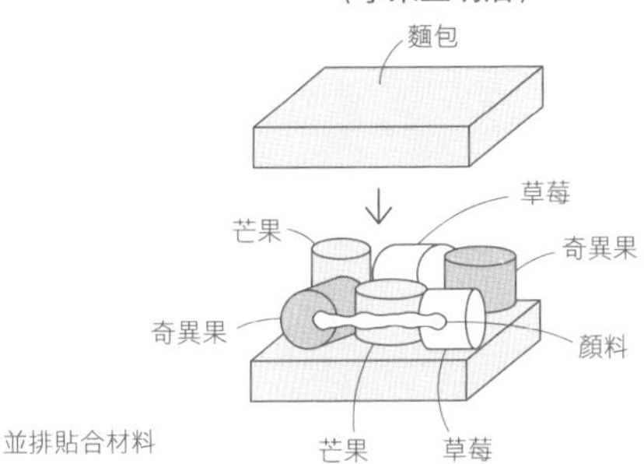

材料・捲法

◇麵包

麵包：5mm寬的米白色約30cm，波浪紋路加工

全麥麵包：5mm寬的膚色約30cm，波浪紋路加工

※各色紙的長度約為5至6片的麵包。可依需要的麵包片數，改變紙的長度。也可從一開始互相重疊的長度（P.54）來調整。

◇燻鮭魚三明治

鮭魚：2mm寬的珊瑚色5cm，製作φ4mm疏圓捲後變化成淚滴捲，2個

萵苣：5mm寬的半透明綠，波浪紋路加工1cm，2片

◇水果三明治

芒果：2mm寬的螢光橘5cm，密圓捲，2個

奇異果：2mm寬的黃綠色5cm，密圓捲，2個

草莓：2mm寬的深粉紅色5cm，密圓捲，2個

壓克力顏料（白色）

◇蛋捲三明治

蛋：2mm寬的淺黃色12cm，密圓捲，2個

檸檬：切片檸檬（P.58）

裝飾＆組裝作法

製作麵包＆全麥麵包（參見P.54）。燻鮭魚三明治的萵苣，貼超出麵包約1mm。在一片麵包上排列好材料後，再貼上另一片麵包。在水果三明治中間配料的中央輕輕刷上顏料，呈現奶油感。蛋捲三明治以兩片麵包夾蛋後，在蛋捲上方黏貼切片檸檬，或將檸檬對半切後貼在蛋中間。再依鮭魚、水果、蛋捲的順序，貼合三明治。

※麵包作法＆材料的排法參見P.54。

鹹派 ››› 作品 P.52・54

〈菠菜口味〉

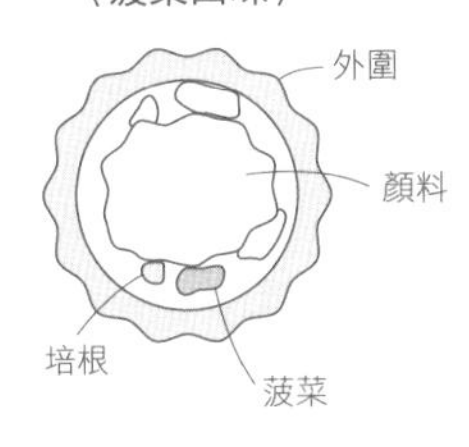

〈蕈菇口味〉

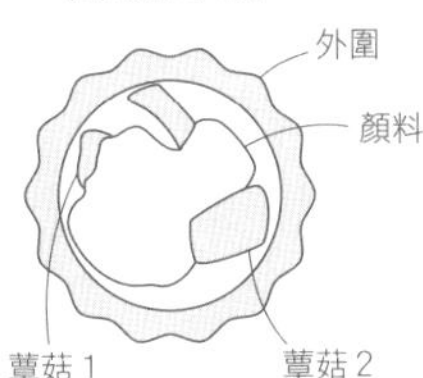

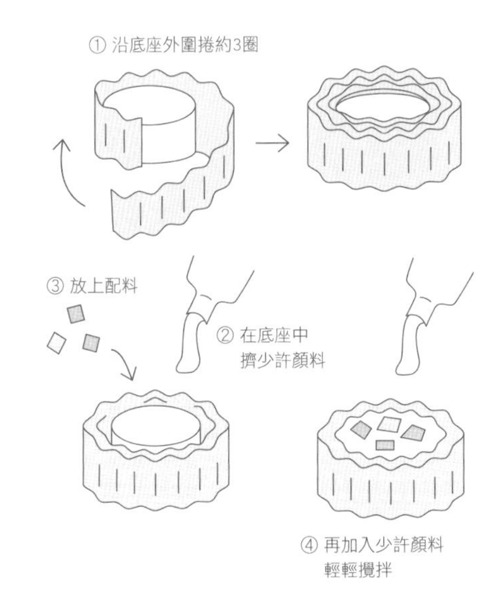

材料・捲法

◇菠菜口味

底座：2mm寬的象牙白30cm，密圓捲

外圍：3mm寬的小麥色20cm，波浪紋路加工

菠菜：3mm寬的草綠色1cm，波浪紋路加工後剪細碎＆以手指搓揉造型

培根：3mm寬的半透明紅1cm，波浪紋路加工後剪細碎＆以手指搓揉造型

壓克力顏料（白色）

◇蕈菇口味

底座：2mm寬的象牙白30cm，密圓捲

外圍：3mm寬的小麥色20cm，波浪紋路加工

蕈菇1：2mm寬的淺咖啡色1cm，剪細碎＆以手指搓揉造型

蕈菇2：2mm寬的橄欖綠2cm，密圓捲

壓克力顏料（白色）

裝飾＆組裝作法

以底座用外圍紙捲約3圈後，剪掉多餘部分貼合固定。在底座中擠少許顏料，放入菠菜＆培根後，再加入少許顏料輕輕攪拌

※詳細作法參見P.54。

香橙小蛋糕 ››› 作品 P.52・53

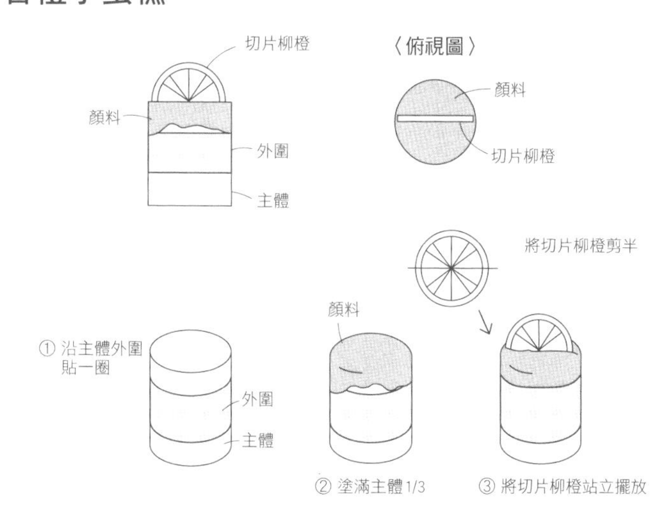

材料・捲法

主體：1cm寬的象牙白15cm，密圓捲
外圍：3mm寬的半透明橘，外圍一圈的長度
切片柳橙（P.58）
壓克力顏料（焦棕色）

裝飾＆組裝作法

以外圍紙繞貼主體一圈，剪掉多餘部分。主體上方塗顏料作為巧克力淋醬，並在顏料未乾時放上切片柳橙。

司康 ››› 作品 P.54

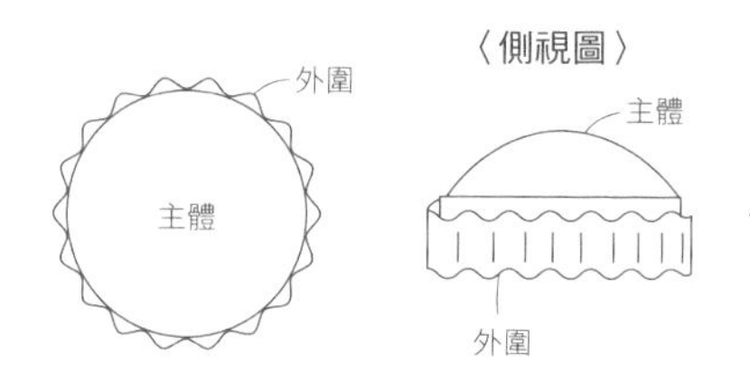

材料・捲法

主體：3mm寬的淺橘色60cm，低葡萄捲
外圍：2mm寬的象牙白6cm，波浪紋路加工

裝飾＆組裝作法

以外圍紙繞貼主體一圈，剪掉多餘部分。

杯盤組 ››› 作品 P.52

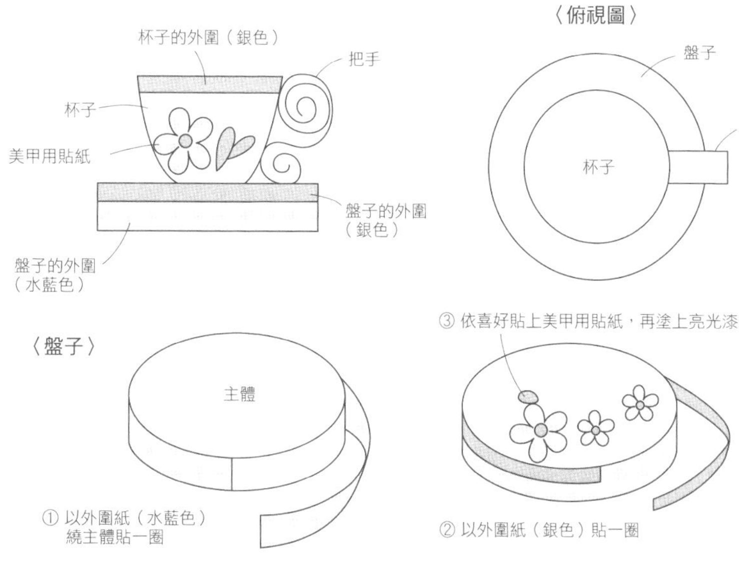

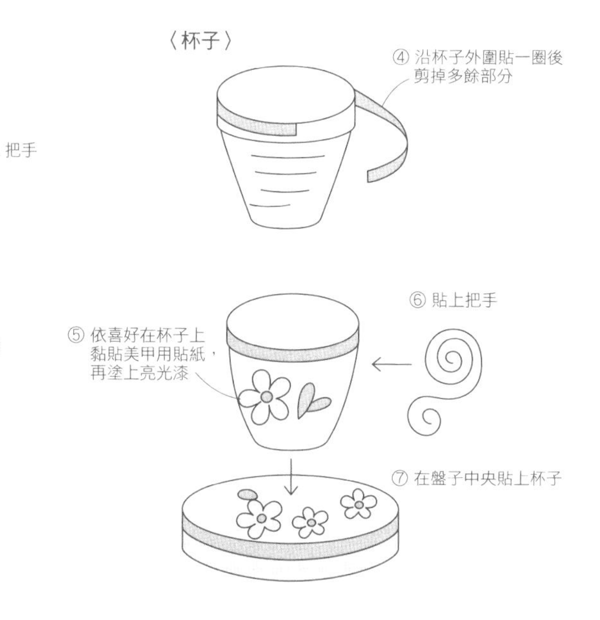

材料・捲法

杯子：2mm寬的白色60cm，鈴鐺捲
杯子外圍：1mm寬的銀色，外圍一圈的長度
把手：2mm寬的白色4cm，S形捲
盤子：2mm寬的白色90cm，密圓捲
盤子外圍：2mm寬的水藍色・1mm寬的銀色（也可用美甲用貼紙），各外圍一圈的長度
喜歡的美甲用貼紙＆亮光漆

裝飾＆組裝作法

將杯子＆盤子各貼上外圍用紙條後，剪掉多餘部分。盤子外圍先貼一圈水藍色，再貼一圈銀色。依喜好在杯子＆盤子上黏貼美甲用貼紙，再塗2層亮光漆。最後在杯子側面貼上把手，乾燥固定後將杯子貼在盤子中央。

雙層蛋糕架 ››› 作品 P.52

貼一圈外圍用紙後，依喜好貼上美甲用貼紙＆水鑽，再塗上亮光漆

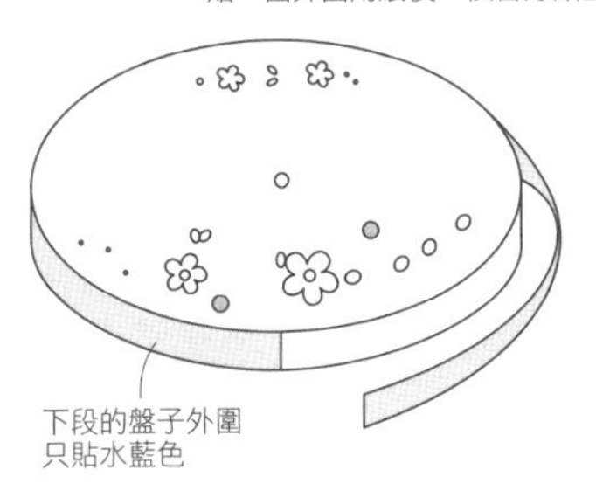

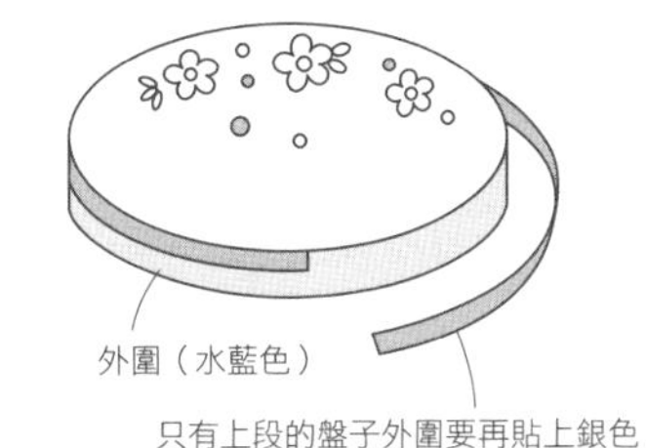

〈支柱的作法〉

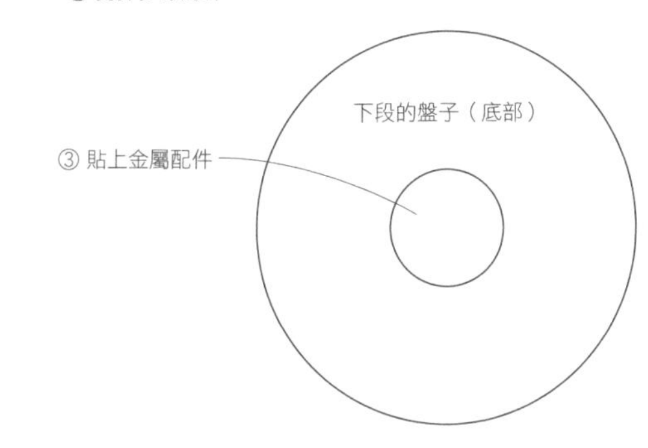

〈下段的盤子〉

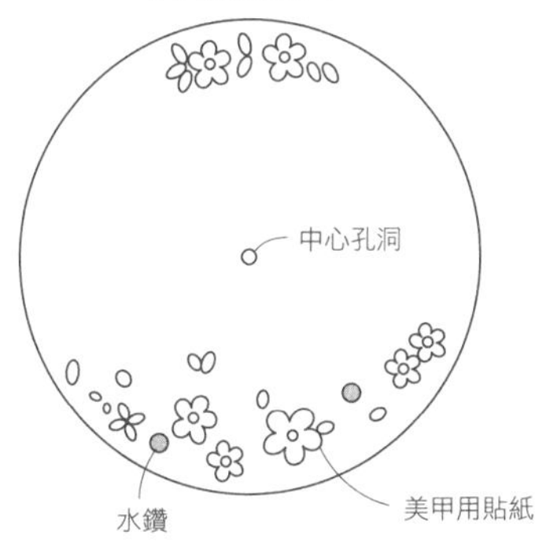

〈上段的盤子〉

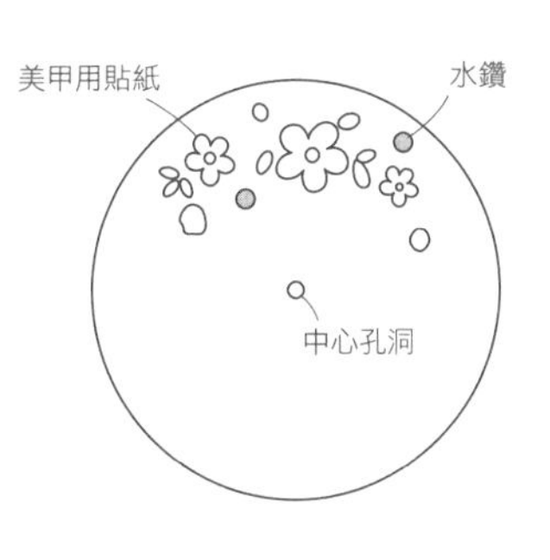

材料・捲法

下段的盤子：2mm寬的 白色900cm，低葡萄捲
下段的盤子外圍：2mm寬的水藍色，外圍兩圈的長度
上段的盤子：2mm寬的 白色600cm，低葡萄捲
上段的盤子外圍：
2mm寬的水藍色，外圍一圈的長度
1mm寬的銀色，外圍一圈的長度

※製作葡萄捲時，注意中間的孔洞不宜過小（為了方便穿針）。
固定部件：2mm寬的水藍色5至10cm，密圓捲
支柱：裝飾用有圓珠的長針，長約5cm
扁平的金屬配件：ф1至1.5cm金屬圓片
喜歡的美甲用貼紙＆水鑽（ss5）＆透明亮光漆

裝飾＆組裝作法

製作2個盤子並貼上外圍紙後，依喜好在盤子上黏貼美甲用貼紙＆塗上2層亮光漆。依上段的盤子、固定部件、下段的盤子的順序穿過長針固定，再依喜好決定針的長度後剪掉多餘部分，在底部貼上金屬配件。
※針＆金屬配件皆以接著劑黏牢固定。
※詳細作法參見P.55。

莓果小蛋糕 ››› 作品 P.52・53

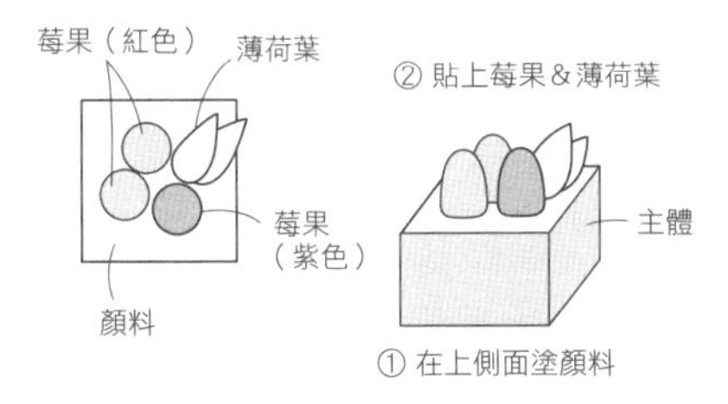

材料・捲法

主體：2mm寬的紅褐色12cm，製作ф7.5mm疏圓捲後變化成方形捲
莓果（紅色）：2mm寬的紅色3cm，高葡萄捲
莓果（紫色）：2mm寬的胭脂紅3cm，高葡萄捲
薄荷葉：以黃綠色紙隨意剪成葉片形狀
壓克力顏料（淺膚色）

裝飾＆組裝作法

在主體上側面塗顏料作為糖霜，乾燥後貼上莓果＆薄荷葉。

摩卡小蛋糕 ››› 作品 P.52・53

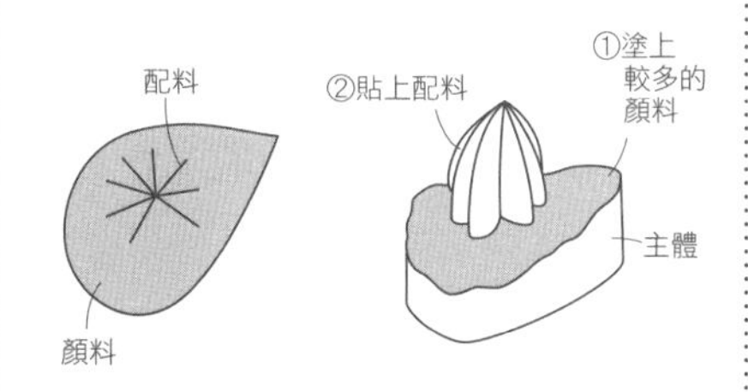

材料・捲法

主體：3mm寬的膚色30cm，製作ф7mm疏圓捲後變化成淚滴捲
配料：以白紙剪裝飾片A（P.58），4片
壓克力顏料（焦棕色）

裝飾＆組裝作法

主體上側面塗上較多顏料靜置待乾，再將配料的立體鮮奶油貼在中央。
※立體鮮奶油作法參見P.53。

草莓小蛋糕 ››› 作品 P.52・53

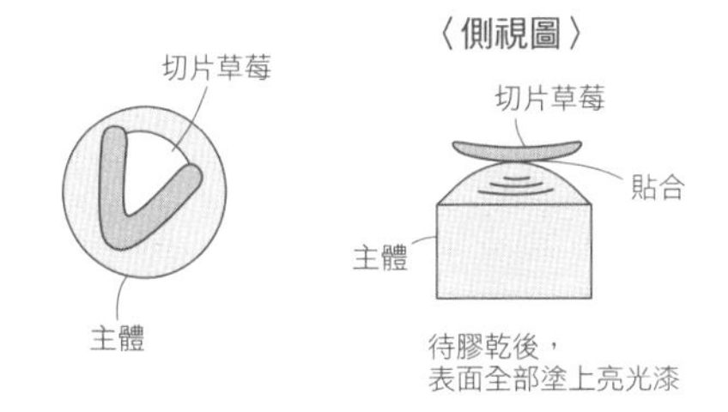

材料・捲法

主體：2mm寬的粉紅色25cm，低葡萄捲
切片草莓（P.58）
外層保護劑（透明亮光漆等）

裝飾＆組裝作法

主體貼上切片草莓，待膠乾後將表面全部塗上外層保護劑。

PROFILE

なかたにもとこ
Motoko Maggie Nakatani

1973年出生於兵庫縣神戶市。受到喜愛拼布和編織的母親影響，自幼即對於手工藝、文具、紙類抱持高度的興趣。大學畢業後，曾擔任餐飲管理一職，也做過雜貨屋、補習班講師等工作，直到2005年才正式開始成為捲紙藝術講師並進口相關材料工具。截至今日曾榮獲美國多項捲紙藝術獎項。目前專心投入培養講師、設計材料包等，在埼玉縣所沢市和東京新宿區皆有開辦講座。海外的朋友都愛稱她為Maggie。現為日本Quilling Guild創始成員，北美Quilling Guild日本代表，Silver Quilling課程教材監製修訂。
http://e-bison.ocnk.net

STAFF

書籍設計	吉村亮　望月春花（Yoshi-des.）
攝影	白井由香里（作品）　本間伸彥（步驟）
造型	鈴木亞希子
作法追蹤	株式會社WADE手藝製作部
協助編輯	鈴木さかえ　高澤敦子
負責編輯	立山ゆかり

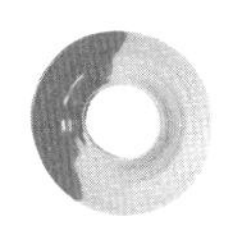

國家圖書館出版品預行編目(CIP)資料

捲紙甜點設計BOOK/なかたにもとこ著; 羅晴雲譯. -- 初版. -- 新北市：Elegant-Boutique新手作出版：悅智文化事業有限公司發行, 2021.11
面；　公分. -- (趣.手藝；110)
ISBN 978-957-9623-76-6(平裝)

1.紙工藝術 2.手工藝

972　110017835

趣・手藝 110

捲紙甜點設計BOOK

簡單捲捲長紙條！手工製作最有人氣的迷你可愛蛋糕・餅乾・糖果・冰淇淋……

作　　者／なかたにもとこ
譯　　者／羅晴雲
發 行 人／詹慶和
執行編輯／陳姿伶
編　　輯／蔡毓玲・劉蕙寧・黃璟安
封面設計／周盈汝
執行美編／韓欣恬
美術編輯／陳麗娜
出 版 者／Elegant-Boutique新手作
發 行 者／悅智文化事業有限公司
郵撥帳號／19452608
戶　　名／悅智文化事業有限公司
地　　址／新北市板橋區板新路206號3樓
網　　址／www.elegantbooks.com.tw
電子郵件／elegant.books@msa.hinet.net
電　　話／(02) 8952-4078
傳　　真／(02) 8952-4084

2021年11月初版一刷　定價350元

QUILLING NO KAWAII SWEETS (NV70506)

Photographer: Yukari Shirai, Nobuhiko Honma
Original Japanese edition published in Japan by NIHON VOGUE Corp.
Traditional Chinese translation rights arranged with NIHON VOGUE Corp. through Keio Cultural Enterprise Co., Ltd.

經銷／易可數位行銷股份有限公司
地址／新北市新店區寶橋路235巷6弄3號5樓
電話／(02)8911-0825　傳真／(02)8911-0801